GEHEIMNISSE
DER STATISTIK

GEHEIMNISSE DER STATISTIK

ABSOLUTE SICHERHEIT UND ANDERE FIKTIONEN

Pere Grima

Librero

Die Originalausgabe erschien 2010 unter dem Titel: *La certeza absoluta y otras ficciones*

© 2019 Librero IBP (für die deutschsprachige Ausgabe)
Postbus 72, 5330 AB Kerkdriel, Niederlande

Text © 2010 Pere Grima
© 2013 RBA Coleccionables, S.A.

Bildnachweis Innenseiten: Age fotostock 110; Aisa 49; Album 19, 46; Album akg 67; RBA Archives 24, 52, 56, 62, 63, 66, 89, 139; International Statistical Review 68; Pere Grima 109.

Bildnachweis Umschlag:
Formeln © iStockphoto.com/Suljo
mathematische Figuren © iStockphoto.com/mustafahacalaki
Balkendiagramm © iStockphoto.com/luchear

Produktion der deutschsprachigen Ausgabe:
Tanja Timmerman vertaling & redactie
Übersetzung: Judith Muhr
Satz: Indruk Grafisch Ontwerp

Printed in Slovenia

ISBN: 978-94-6359-293-2

Inhalt

Vorwort

Wir alle kennen Statistiken. Die Medien sind voll davon: Eine Studie (offenbar eine Statistik!) behauptet, der Drogenkonsum bei jungen Menschen habe abgenommen. Die Ergebnisse einer Umfrage bestätigen, die Kanzlerin sei beliebter als ein Gegenkandidat. Würde heute eine Wahl stattfinden, würde eine bestimmte Partei mit dieser oder jener Mehrheit gewinnen. Sogar Fußballkommentatoren bemühen die Statistik, wenn sie beispielsweise berichten, eine Mannschaft schieße in der zweiten Halbzeit immer mehr Tore als in der ersten. Das Wort „Statistik" bezeichnet die allgemeine Disziplin, die eigentliche „Statistik" jedoch besteht aus nichts als Zahlen. Die Informationen, die wir aus den Daten ableiten können, sind nicht immer klar – und ebenso wenig ist klar, wie zuverlässig sie sind (eine weitere „Statistik").

Manchmal wird die Statistik als unpräzise Disziplin bezeichnet. Etwas zu behaupten, bedeutet nicht, dass es passieren wird, und es ist durchaus möglich, dass die Fußballmannschaft, die in der zweiten Halbzeit immer trifft, in beiden Halbzeiten kein einziges Tor erzielt. Im Gegensatz dazu steht die Mathematik, die eine sehr viel ernsthaftere Aussage trifft. Wenn eine Mannschaft „mathematisch" der Meister ist, gewinnt sie, unabhängig davon, was passiert. Dieses wenig fassbare Bild lässt sich auch nicht konkretisieren, wenn wir beobachten, wie ein Politiker seine Fähigkeit nutzt, Daten und Statistiken in einer Weise darzustellen, die für seine Absichten am besten geeignet ist.

In der Statistik steckt jedoch noch viel mehr. Statistiken gibt es in vielen Bereichen: in der medizinischen Forschung (ist ein neues Medikament besser?), in der Biologie (wie viele Exemplare einer bestimmten Art gibt es in einem Gebiet und sind sie vom Aussterben bedroht?), in der Bedarfsplanung (wie viel Strom werden wir morgen verbrauchen?), in der Marktforschung (welche Art von Verpackung gefällt dem Verbraucher am besten?), in soziologischen Studien (was denken junge Menschen über ein bestimmtes Thema?), in der Wirtschaft (um wie viel Prozent sind die Preise gestiegen?) oder in der Qualitätssicherung (auf welches Problem muss am meisten geachtet werden?). Diese Liste mag lang erscheinen, dabei ist sie keineswegs vollständig. Es gibt viele Bereiche, in denen Statistiken von grundlegender Bedeutung sind.

In der Statistik wird untersucht, wie Daten gesammelt werden müssen – wie viel und auf welche Weise sie zu sammeln sind. Außerdem geht es darum, wie man sie analysiert, um Informationen zu erhalten, anhand derer wir die von uns gestellten

Fragen beantworten können. Dazu gehören der Erkenntnisfortschritt auf der Grundlage intelligenter und objektiver Beobachtungen sowie die Analyse der realen Welt, die Grundlage einer wissenschaftlichen Methode sein muss.

Dieses Buch wirft einen Blick auf einige der interessantesten Aspekte der Statistik. Es beschreibt die Darstellung von Informationen mit Hilfe von Graphen und sogar wie man Gegentore vermeiden kann – um beim Thema Fußball zu bleiben –, bis hin zur Organisation der Datenerfassung für die Beantwortung der gestellten Fragen, wie beispielsweise Umfragen und Wahlprognosen sowie eine einheitliche Argumentationsmethode für alle statistischen Tests. Es geht auch um die Berechnung von Wahrscheinlichkeiten, ein Aspekt, der vielen Lesern vielleicht trocken und schwierig erscheint, der aber, ohne in die Tiefe gehen zu müssen, viele interessante, versteckte Dinge offenbart.

Dieses Buch soll unterhaltsam und lehrreich sein. Wenn mir dies gelungen ist, dann dank dem Wissen, das meine Kollegen an der Universitat Politècnica de Catalunya, Spanien, mit mir geteilt haben, ebenso wie die Dozenten, die leidenschaftlich Statistik unterrichten, wie Roberto Behar an der Universidad del Valle in Cali, Kolumbien. Abschließend möchte ich Pedro Delicado, Lluis Marco, Lourdes Rodero und Xavier Tort-Martorell für ihr ausführliches Lektorat des ersten Entwurfs dieses Buchs und ihre weisen Kommentare und Vorschläge danken, die erhebliche Verbesserungen bewirkt haben.

Kapitel 1

Beschreibende Statistik: Wie man einem Datengewirr Informationen entlockt

Was können wir tun, wenn wir über eine riesige Datenmenge verfügen, aus der wir spezifische Informationen gewinnen wollen? Zweifellos besteht die erste Maßnahme darin, „einen Blick darauf zu werfen", aber nicht so wie sie sind, also ein Element nach dem anderen anzuschauen (unser Verstand ist nicht gut darin, auf diese Weise Informationen aufzudecken), sondern durch grafische Darstellungen oder durch die Zusammenfassung der Daten zu Werten, die leichter zu interpretieren sind.

Historischer Auftakt: Die große Cholera-Epidemie von 1854

Heute ist Soho einer der attraktivsten Stadtteile Londons. Mit seiner unwiderstehlichen Mischung aus Moderne und Tradition steht er ganz oben auf der Sightseeing-Liste der vielen Touristen, die Jahr für Jahr seine angesagten Bars und Restaurants besuchen und ihre müden Füße auf den bezaubernden grünen Plätzen ausruhen, die sich hier und da zwischen den engen Gassen verstecken. Bei so vielen Attraktionen und dem üblichen Trubel aller großen Städte ist es eher unwahrscheinlich, dass eine präzise Nachbildung eines Wasserbrunnens aus dem 19. Jahrhundert in einer Ecke der Broadwick Street entdeckt wird. Dieses bescheidene Denkmal erinnert jedoch an ein Ereignis von enormer Bedeutung.

Der 1992 zu Ehren des britischen Epidemiologen John Snow errichtete Brunnen an der Broadwick Street (ehemals Broad Street) befindet sich nur wenige Meter von einem weiteren, identischen Brunnen entfernt, der 1854 Wasser zur Nutzung im Viertel aus der Themse pumpte. Im August dieses schicksalhaften Jahres brach in der Region eine furchtbare Cholera-Epidemie aus, bei der innerhalb von drei Tagen 100 Menschen starben. Nach zwei Wochen waren 500 Todesopfer zu beklagen. Mehr als drei Viertel der Bevölkerung verließen ihre Häuser, um dem üblen Gestank zu entkommen, von dem man damals dachte, er würde diese schreckliche Krankheit verbreiten.

John Snow, ein angesehener Arzt, der Königin Victoria ein Jahr zuvor persönlich Chloroform verabreicht hatte, während sie ihr siebtes Kind zur Welt brachte, war anderer Meinung. In einem Schriftstück aus dem Jahr 1849 erklärte er, dass die Cholera nicht durch die Luft, sondern über das Wasser übertragen wird. Die medizinische Fachwelt schenkte seiner Meinung wenig Beachtung, vor allem, weil sie nicht durch eine spezifische Theorie gestützt wurde, was genau das Wasser enthielt, um die Krankheit zu verursachen. Die Überzeugungen von Snow basierten auf unzähligen Beobachtungen, in denen er einen unvermeidlichen Zusammenhang zwischen dem Wasser und der Übertragung von Cholera feststellte. Es war „nur" ein statistischer Beweis für einen Zusammenhang zwischen Ursache und Wirkung, für den Snow, wie gesagt, *keine Erklärung hatte*. Dennoch waren die Beobachtungen von Snow so überzeugend und seine Erklärungen so großartig, dass seine Zeitgenossen gar nicht anders konnten, als seine Meinung zu akzeptieren. Aus diesem Grund wurde die Wasserversorgung in modernen Städten für immer verändert.

Dem Täter auf der Spur

Cholera ist eine schreckliche Darmerkrankung, deren Hauptsymptome plötzliches und starkes Erbrechen und Durchfall sind, die innerhalb von Stunden nach Auftreten der ersten Symptome zu einer tödlichen Dehydrierung führen können. Der Cholera-Ausbruch vom 31. August 1854 wurde sehr schnell als „der schlimmste in der Geschichte des Landes" bezeichnet. Die Zahlen sind erschreckend: Innerhalb von 72 Stunden hatte die Zahl der Opfer bereits 127 erreicht, darunter viele Kinder. Drei Tage nach dem Ausbruch besuchte Snow das Gebiet in Begleitung des lokalen Ministers Reverend Henry Whitehead. Er entdeckte, dass 500 schwerwiegende Cholerafälle in zehn Tagen in Häusern in einem Umkreis von 250 Metern um den öffentlichen Wasserbrunnen an der Broad Street aufgetreten waren, wo diese die Cambridge Street kreuzt. Snow notierte folgendes:

Auf dem Weg zu dem Ort stellte ich fest, dass fast alle Todesfälle in unmittelbarer Nähe der Pumpe auf der Broad Street aufgetreten waren. Es gab nur zehn Tote in Häusern, die deutlich näher an einer anderen Straßenpumpe lagen. In fünf dieser Fälle teilten mir die Familien der Verstorbenen mit, dass sie immer zur Pumpe in der Broad Street geschickt wurden, da sie das Wasser dem der näher gelegenen

Pumpe vorzogen. In drei weiteren Fällen waren die Verstorbenen Kinder, die in der Nähe der Pumpe in der Broad Street zur Schule gingen.

Bei der Untersuchung der Pumpe fand er keine sichtbaren Anzeichen von Verunreinigungen. Als nächstes überprüfte er die forensischen Aufzeichnungen und erstellte eine detaillierte Liste der Todesfälle der letzten zwei Tage. Keiner der Mitarbeiter einer Brauerei in der Nähe der Pumpe hatte sich die Krankheit zugezogen und auch ein Obdachlosenheim in der Nähe, das mehr als 500 Menschen beherbergte, hatte nur fünf Fälle registriert. Die Tagesberichte über die Epidemie sprachen von neuen Opfern in weiter entfernten Gebieten wie Hampstead und Islington. Es schien, als würde die Theorie von Snow nicht halten.

Der Arzt intensivierte jedoch seine Bemühungen. Er ging von Gebäude zu Gebäude, von Haus zu Haus, und fand heraus, dass das Obdachlosenheim einen eigenen Brunnen hatte und Wasser vom Wasserwerk Grand Junction kaufte. Die Brauerei hatte ebenfalls einen eigenen Brunnen für Wasser und benutzte die Pumpe nicht. In Hampstead angekommen, erzählte ihm eine Familie, dass das Opfer, eine Frau, jeden Tag eine Flasche Wasser aus dem Wasserbrunnen in der Broad Street mitbrachte, weil „es ihr besser schmeckte". Die Nichte der Frau, die ebenfalls vor kurzem an Cholera gestorben war, hatte dies ebenfalls getan. „Und wo hat sie gewohnt?", so hören wir Snow geradezu fragen. Die Antwort: „In Islington."

Der Arzt schrieb in aller Bescheidenheit: „Das Fazit aus meiner Untersuchung ist folglich, dass es in diesem Teil Londons keinen Cholera-Ausbruch oder ein signifikantes Auftreten der Krankheit gibt, außer bei denjenigen, die gewöhnlich Wasser aus der oben genannten Pumpe trinken". Ein kurzer Absatz, der jedoch die öffentliche Gesundheit in der ganzen Welt revolutionieren sollte.

Am 7. September 1854, als die Epidemie noch in vollem Gange war, berief Snow ein dringendes Treffen mit den örtlichen Behörden ein und informierte sie über seine Ergebnisse. Zu seinem mündlichen Bericht präsentierte Snow eine Karte des Gebiets, auf der er die Anzahl und den Standort der Opfer markiert hatte. Die Karte war so überzeugend, dass am nächsten Tag der Handgriff der Pumpe entfernt wurde. Die Zahl der Todesopfer sank und in kurzer Zeit war die Epidemie völlig vorbei.

Die Macht eines Graphen

Die Originalkarte von Snow wird heute im British Museum aufbewahrt. 1855 wurde in einer überarbeiteten Ausgabe seines Textes von 1849 eine verbesserte Variante erstellt. Ein Ausschnitt davon ist nachfolgend gezeigt. Der moderne Leser kann sich vielleicht schwer vorstellen, wie revolutionär diese Form der Darstellung von Informationen durch Snow war, da heutzutage die grafische Darstellung von Informationen sehr verbreitet ist.

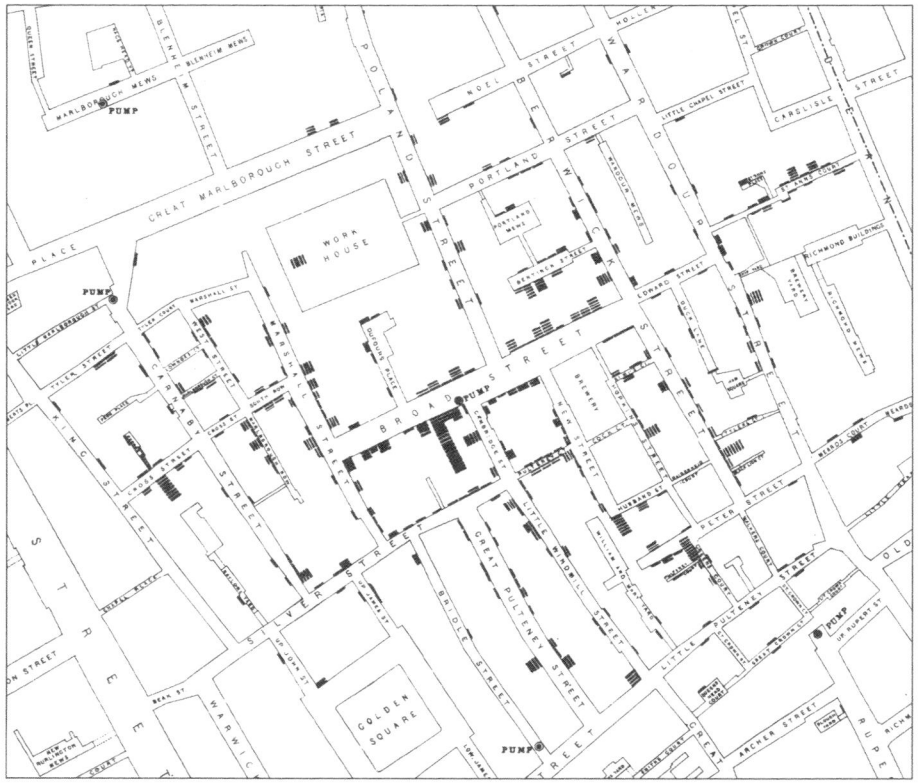

Ein Ausschnitt aus der Karte von Soho, wo 1854 eine Cholera-Epidemie ausgebrochen war. Die Pumpe an der Broad Street mit der Beschriftung „PUMP" (Pumpe) befindet sich in der Mitte der Karte. Die horizontalen Streifen stehen für die Anzahl der Opfer pro Haus.

Die geografische Komponente der Epidemie wurde sofort erkenntlich, nachdem jedes Opfer mit einer Markierung (den parallelen Linien) eingetragen worden war. Diese Markierungen hatten alle dieselbe Dicke und wurden für jedes Haus auf einer ganz normalen Karte angebracht. Es ist offensichtlich, dass die meisten Todesfälle in der Nähe der Pumpe in der Broad Street in der Mitte der Karte aufgetreten waren. Nach der akribischen Arbeit von Snow, die gezeigt hatte, dass die Infektion mit der Krankheit in direktem Zusammenhang mit der Pumpe stand, war keine spezielle Theorie über die Art des Zusammenhangs mehr erforderlich. Die lokalen Behörden hatten verstanden. Mit der Demontage der Pumpe wurde nicht nur die Epidemie schnell beendet, sondern auch bestätigt, dass die Cholera über Wasser übertragen werden kann. Die Experimente, die Louis Pasteur zwischen 1860 und 1864 durchführte, waren von entscheidender Bedeutung, als es darum ging, die Theorie der Keime und Krankheitserreger zu festigen und damit die Beobachtungen von Snow zu unterstützen. 1885 identifizierte der Deutsche Robert Koch das Bakterium *Vibro cholerae* als Ursache der Krankheit. Gegen Ende des Jahrhunderts hatten die meisten westlichen Städte ihre Trinkwasserversorgungsnetze erneuert und so den Geist der Cholera aus den Straßen der halben Welt vertrieben.

Daten zusammenfassen: Lagemaße

Müssten Sie das Gesicht eines Verdächtigen so beschreiben, dass andere es wiedererkennen könnten, ist dies gar nicht so einfach, es sei denn, der Verdächtige hat ein sehr ausgeprägtes Merkmal. Polizeiexperten wissen, auf welche Merkmale sie sich konzentrieren müssen und welche Adjektive sie beschreiben müssen, damit ein anderer, der diese Terminologie ebenfalls beherrscht, sich vorstellen kann, wie die betreffende Person aussieht, und wenn nötig auch, wie man sie zeichnet, damit andere sie identifizieren können.

In der Statistik machen wir etwas ganz Ähnliches. Um die Informationen einer großen Datenmenge zusammenzufassen, werden einige wenige Maße ausgewählt, um die maximalen Informationen zu bündeln. Auf diese Weise können wir auf einen Blick (mit vielleicht fünf oder sechs Werten) eine zuverlässige Vorstellung vom allgemeinen Verhalten der Daten bekommen. Diese Maße werden in der Regel in drei Gruppen unterteilt: Lage, Streuung und Position. In diesem Abschnitt werden wir die erste Gruppe beschreiben, die angibt, um welche Werte sich die Daten zentrieren.

Das arithmetische Mittel

Wir alle haben wahrscheinlich in der Schule gelernt, das Mittel zu berechnen, auch als Mittelwert oder umgangssprachlich als Durchschnitt bezeichnet. Wenn auf einer Skala von 0 bis 10 ein Wert von 5 oder mehr Punkten bedeutet, dass eine Prüfung bestanden ist und die Endnote der Mittelwert aus drei Teilprüfungen ist, dann sind wir mit 3, 4 und 6 Punkten durchgefallen, während wir mit 4, 4 und 7 Punkten bestanden haben (und was wäre mit 4, 4,5 und 6,3?).

Das arithmetische Mittel ist das Lagemaß *par excellence*. Seine hervorragenden Eigenschaften und die Tatsache, dass es leicht zu verstehen und zu berechnen ist, machen es sehr beliebt. Es besitzt aber auch weniger triviale Aspekte, wie z. B. bei der Durchführung von Operationen mit Mittelwerten. Der Mittelwert von (3, 4, 5) ist 4 und der von (4, 6) ist 5, aber der Mittelwert der ganzen Menge ist nicht der Mittelwert der Mittelwerte $(4+5)/2 = 4,5$, sondern 4,4. Im Allgemeinen gilt, wenn wir eine Menge von n_1 Werten haben, deren Mittelwert $\bar{x}_1$ ist, und eine andere Menge von n_2 Werten, deren Mittelwert $\bar{x}_2$ ist, ist der Mittelwert der Gesamtmenge $\bar{x}_T$:

$$\bar{x}_T = \frac{n_1\bar{x}_1 + n_2\bar{x}_2}{n_1 + n_2}.$$

Das ist genau das Gleiche wie die Berechnung des Mittelwerts aller Werte, denn wenn eine Stichprobe n Elemente hat und ihr Mittelwert $\bar{x}$ ist, ist die Summe aller Elemente $n\bar{x}$. Im Zähler haben wir also die Summe aller Werte und im Nenner die Anzahl der Werte.

Betrachten wir ein Beispiel:

Wenn das Durchschnittsalter der Mitarbeiter eines Unternehmens 36 Jahre für Männer und 32 Jahre für Frauen beträgt, was ist dann das globale Mittel? Es kommt auf den Anteil von Männern und Frauen an. Wenn die Hälfte Männer und die andere Hälfte Frauen sind, liegt das Durchschnittsalter bei 34 Jahren. Wenn es 75 % Männer und 25 % Frauen gibt, liegt es bei 35. Beachten Sie, dass in der obigen Formel der Anteil, der durch die erste Datenmenge dargestellt wird, $p_1 = n_1 / (n_1 + n_2)$ ist, und der Anteil, der durch die zweite Datenmenge dargestellt wird, $p_2 = n_2 / (n_1 + n_2)$, also gilt:

$$\bar{x}_T = p_1\bar{x}_1 + p_2\bar{x}_2.$$

Es gibt auch Fälle, in denen der Mittelwert nicht das optimale Maß ist. Wenn wir versuchen, die Zeit zu ermitteln, die ein Lieferant für die Lieferung eines

Produkts benötigt oder wie lange ein Zug braucht, um die Strecke zwischen zwei Städten zurückzulegen, ist der Mittelwert ein schlechter Indikator für die Qualität der Dienstleistung. Es kann sein, dass die vereinbarte Lieferzeit zehn Tage beträgt. Wenn dann in der Hälfte der Fälle das Material in zwei Tagen geliefert wird (der Kunde erwartet es nicht, es gibt keinen Platz zum Lagern usw.) und die andere Hälfte in 18 Tagen (der Kunde ist jetzt verzweifelt), bietet der Lieferant dem Mittelwert nach betrachtet eine perfekte Leistung. Dasselbe gilt für Züge. Eine halbe Stunde früher zur Arbeit zu kommen (besonders wenn das Gebäude noch nicht aufgesperrt ist), gleicht die anderen Tage, an denen wir eine halbe Stunde zu spät kommen, keineswegs aus. In diesen Fällen wäre ein aussagekräftigeres Maß der Prozentsatz der Verspätungen oder der Ankünfte mit mehr als einer bestimmten Verzögerung.

Ein weiteres Problem mit dem Mittelwert ist, dass er stark von Extremwerten beeinflusst wird. Sie würden überrascht sein zu hören, dass die meisten Menschen eine überdurchschnittliche Anzahl von Beinen haben. Dennoch ist es richtig, da einige nur ein Bein oder gar keines haben (im Extremfall), sodass der Durchschnitt etwas unter zwei liegt.

Der Median

Der Median ist der Wert, der beim Sortieren von Daten von unten nach oben in der Mitte liegt. Sind die Daten 6, 7, 5, 2 und 9, ist der Median 6, nämlich der Wert, der nach aufsteigender Sortierung in der Mitte liegt. Gibt es eine gerade Anzahl von Werten, steht nichts in der Mitte. In diesem Fall ist der Median der Durchschnitt der beiden mittleren Werte. Die Eigenschaften des Medians decken einige der Schwachstellen des Mittelwerts ab. So ist er beispielsweise robuster bei Anomalien. Das folgende Beispiel erklärt, warum das so ist. Wenn wir bei der Eingabe der oben aufgelisteten Werte auf der Tastatur einen Fehler machen und 99 statt 9 eingeben, ändert sich der Mittelwert auf 23,8, während der Median weiterhin 6 ist. Bei der Arbeit mit noch zu verfeinernden Daten kann die Verwendung des Medians effektiver sein als der Mittelwert, da die bereitgestellten Informationen weniger von möglichen Anomalien betroffen sind.

Ein weiterer Vorteil des Medians gegenüber dem Mittelwert ist, dass beim Median immer 50 % der Beobachtungen über ihm und 50 % unter ihm liegen. Wollen wir zum Beispiel wissen, ob wir zu denjenigen gehören, die in unserem Unternehmen am meisten verdienen, müssen wir unser Gehalt mit dem Median und nicht mit dem Mittelwert vergleichen. Wenn es zehn Mitarbeiter gibt und ihre monatlichen

Gehälter (in Tausend Euro): 0,8, 0,8, 0,8, 0,9, 0,9, 1,0, 1,0, 1,1, 1,1, 1,1, 1,2 und 10 betragen, liegen alle bis auf 1 (in diesem Szenario sind das 90 %) unter dem Mittelwert, der 1,88 beträgt. Mit dem Median passiert so etwas nicht. Wenn unser Gehalt über dem Median liegt, gehören wir zu den 50 %, die am meisten verdienen.

Ein weiteres Beispiel: Wenn die Note für das Bestehen einer Prüfung größer oder gleich 5 sein muss und die Durchschnittsnote für die Schüler 5 ist, wissen wir nicht, wie viele bestanden haben. Wenn 50 Schüler die Prüfung abgelegt haben, könnte es sein, dass 41 mit einer Punktzahl von 4 gescheitert sind, während 8 von ihnen eine 10 und einer eine 6 erhalten haben, woraus sich ein Mittelwert von 5 ergibt – obwohl dies sehr ungewöhnliche Ergebnisse sind. Ist dagegen der Median gleich 5, ist es sicher, dass die Hälfte bestanden hat.

FLORENCE NIGHTINGALE

Im Sommer 1853 wurde die türkische Armee vollständig aufgerieben. Die russische Flotte im Schwarzen Meer war bereit, Istanbul einzunehmen und die Bosporusstraße zu kontrollieren, was sowohl die britische Kommunikation mit Indien als auch die französischen Interessen im Mittelmeer bedroht hätte. Somit erklärte Großbritannien Russland den Krieg und schickte Truppen, denen sich Franzosen und Türken anschlossen, auf die Halbinsel Krim. Dies war der Beginn des Krimkriegs, der bis zu seinem Ende 1856 Tausende von Toten forderte.

Man spricht von dem am schlechtesten geplanten aller Kriege, an denen Großbritannien beteiligt war, aber gleichzeitig ist er der erste, von dem wir Fotos haben, und auch der erste, der von Zeitungsreportern verfolgt wurde. Diese Information scheint auf den ersten Blick nebensächlich zu sein, aber in ihren Berichten beschrieben die Journalisten die schrecklichen Lebensbedingungen der Soldaten und die Katastrophen, die aufgrund militärischer Inkompetenz auftraten. Dies erzeugte ein starkes Gefühl der Empörung in der Öffentlichkeit und zwang den britischen Kriegsminister, eine Gruppe von Krankenschwestern unter der Leitung einer hingebungsvollen, intelligenten und praktischen Frau namens Florence Nightingale zu entsenden.

Als die Krankenschwestern im Krankenhaus in Istanbul ankamen, fanden sie dort das völlige Chaos vor. Florence Nightingale erklärte, dass die meisten Todesfälle auf Infektionskrankheiten zurückzuführen seien und nicht auf die Wunden, mit denen die Soldaten eingeliefert wurden. Sie sah, verstand und quantifizierte den Zusammenhang zwischen der Überbelegung mit Patienten und der Sterblichkeitsrate und konzentrierte sich auf die Verbes-

Der Modalwert

Wenn es um Lagemaße geht, wird immer auch der Modalwert erwähnt. Dies ist der Wert, der am häufigsten wiederholt wird. Sind die Werte 0, 2, 7, 2, 2, 8, 2, 5, 4, dann ist der Modalwert 2. Bei qualitativen Daten ist die Verwendung des Modalwerts am sinnvollsten. Wird zum Beispiel in einer Stichprobe von Neugeborenen festgestellt, dass die häufigste Augenfarbe Braun ist, würde man sagen, dass der Modalwert der Augenfarbe Braun ist.

serung von Sauberkeit, Ernährung und Ordnung bei der Krankenpflege.

Tatsache ist, dass in den ersten sieben Kriegsmonaten, bevor Florence Nightingale kam, ein britischer Soldat, der auf dem Schlachtfeld verwundet wurde, mehr Überlebenschancen hatte, wenn er an der Front blieb, als wenn er in ein Militärkrankenhaus transportiert wurde. In den letzten sechs Kriegsmonaten, nach den Veränderungen in den Krankenhäusern, sank die Sterblichkeitsrate jedoch von 40 % auf 2 %. Florence Nightingale wusste, wie man Daten auswählte, die die Realität so zeigten, wie sie war, und führte Analysen und Vergleiche durch, die erforderlich waren, um zu verstehen, was das Problem war und welche Maßnahmen ergriffen werden mussten. Und mit dieser statistischen Analyse, so erklärte sie fachkundig, sei es ihr gelungen, die Bürokratie und den Konservatismus der Armee zu überwinden und die Verantwortlichen von der Notwendigkeit einer radikalen Veränderung der Krankenhausbedingungen zu überzeugen. Sie rettete zahllose Leben und viele der von ihr eingeführten Verfahren sind in den heutigen Krankenhäusern noch immer Standard. Aufgrund ihrer Leistung wurde Florence Nightingale in Großbritannien zu einer Lichtfigur und war die erste Frau, die in die britische Royal Statistical Society aufgenommen wurde.

Daten zusammenfassen: Streuungsmaße

Wahrscheinlich kennen Sie bereits viele lustige Geschichten über den Durchschnitt: Wenn Person A ein Huhn isst und Person B kein Huhn isst, besagt die Statistik, dass jeder im Durchschnitt jeweils ein halbes Huhn gegessen hat. Oder dass, wenn Sie in die Küche gehen und Ihre Füße in den Kühlschrank und Ihren Kopf in den Ofen legen, Ihr Körper die perfekte Durchschnittstemperatur hat. Das Problem liegt darin, dass versucht wird, die Informationen nur anhand von Durchschnittswerten zusammenzufassen, ohne auf die Variabilität der Daten zu achten. Ein weiteres Beispiel, das den gleichen Fehler aufweist, ist eine Aussage über das Wohlergehen der Bürger eines Landes, wobei nur das Pro-Kopf-Einkommen berücksichtigt wird (was dem Beispiel mit dem halben Huhn entspricht). Hätte man Ihnen die Wahl gelassen, in welchem Land Sie geboren werden wollen, wäre es zweifellos sinnvoll gewesen, nicht nur das Pro-Kopf-Einkommen, sondern auch die Variabilität zu überprüfen. Es ist besser, in einem Land geboren zu werden, in dem jeder sein Viertel eines Huhns garantiert bekommt, als in einem Land, in dem der Durchschnitt ein halbes Huhn beträgt, wo aber eine relativ hohe Wahrscheinlichkeit besteht, kein Huhn zu bekommen. Kurz gesagt, um Informationen zusammenzufassen, die solche Daten enthalten, ist es auch notwendig, ihre Streuung zu quantifizieren. Dazu stehen uns verschiedene Maße zur Verfügung, wie Sie unten sehen werden.

Streubreite

Die Streubreite ist die Differenz zwischen dem Maximal- und dem Minimalwert. Sind die Werte beispielsweise 2, 6, 7, 12, 12, 12, 18, dann beträgt die Streubreite 18 - 2 = 16. Der Vorteil ist, dass es sich um ein sehr einfaches Maß handelt; der Nachteil ist, dass die in den Daten enthaltenen Informationen nicht genutzt werden. Die Verwendung nur der Extremwerte, die auch Ausnahmen sein können, ist ein sehr schlechter Indikator, insbesondere bei einer großen Datenmenge. Wenn wir nur wenige Werte (sagen wir vier oder fünf) haben, ist die Streubreite kein so schlechtes Maß. Wenn wir nur zwei Werte haben, ist sie so gut wie jedes andere Maß, aber in diesem Fall müsste man sie auch nicht zusammenfassen.

Varianz und Standardabweichung

Das am weitesten verbreitete Maß der Variabilität ist die Standardabweichung. Für ihre Definition ist es jedoch am besten, mit der Varianz zu beginnen, da die

Standardabweichung einfach die Quadratwurzel der Varianz darstellt.

Müssten wir ein Maß für die Streuung entwerfen, wäre unser erster Ansatz wahrscheinlich, alle vorhandenen Werte einzubeziehen, wie es beim Mittel der Fall war. Sind die Werte beispielsweise 1, 2, 4, 7 und 9, können wir den Durchschnitt der Differenz jedes der Werte vom Mittelwert berechnen, der 4,6 beträgt:

$$\frac{(1-4,6)+(2-4,6)+(4-4,6)+(7-4,6)+(9-4,6)}{5}=0.$$

Das Problem bei diesem Maß ist, dass es immer 0 ergibt, unabhängig von den enthaltenen Werten – und deshalb überhaupt nichts misst und immer den gleichen Wert angibt, egal ob es sich um eine große oder kleine Streuung handelt. Die offensichtlichste Lösung ist die Verwendung des Absolutwerts der Differenzen:

$$\frac{|1-4,6|+|2-4,6|+|4-4,6|+|7-4,6|+|9-4,6|}{5}=2,72.$$

Dieses Maß wird als „mittlere Abweichung" bezeichnet und ist ein gutes Maß (je größer die Streuung der Werte, desto größer der erhaltene Wert). Die Lösung der Aufgabe mit Ausgleich der Differenzen durch Quadratur hat jedoch einige, viel interessantere Eigenschaften.

$$\frac{(1-4,6)^2+(2-4,6)^2+(4-4,6)^2+(7-4,6)^2+(9-4,6)^2}{5}=9,04.$$

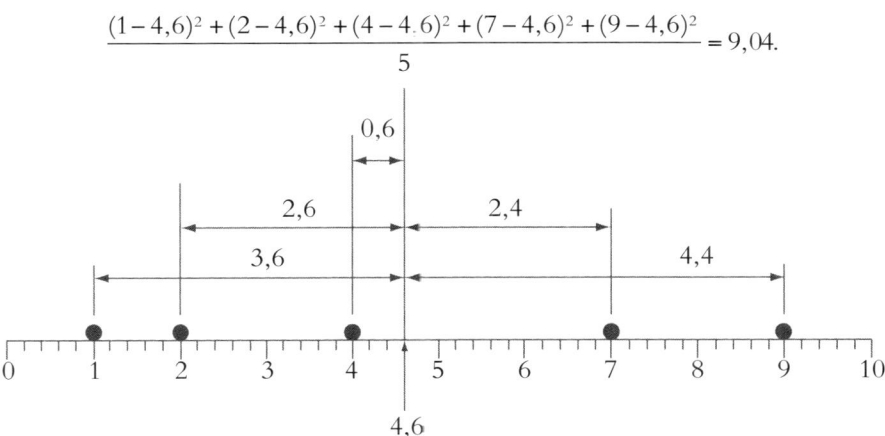

Die Distanz eines jeden Werts vom Mittelwert (4,6). Die Varianz ist der Durchschnitt der Quadrate dieser Distanzen.

Dies bezeichnen wir als Varianz. Sie ist nicht nur als Maß der Streuung praktisch, sondern kann auch als das Herzstück der meisten theoretischen und statistischen Methoden gelten. Sie wird durch σ^2 dargestellt. Das Unangenehme an der Varianz ist, dass ihre Einheiten das Quadrat derjenigen der Daten darstellen. Bei Längen in Metern sind die Einheiten der Varianz Quadratmeter, was die Interpretation etwas erschwert. Die Lösung ist jedoch sehr einfach – wir ziehen einfach die Wurzel.

Dieses Ergebnis, dargestellt durch σ, wird als Standardabweichung bezeichnet und ist das beste Maß für die Streuung. Die Standardabweichung wird oft zusammen mit dem Mittelwert angegeben, um die Eigenschaften der Daten mit nur zwei Werten zusammenzufassen.

EIN PAAR FORMELN

Die allgemeine Formel für die Varianz lautet:

$$\sigma^2 = \frac{\sum_{i=1}^{N}(x_i - \mu)^2}{N},$$

Dabei steht x_i für die einzelnen Werte, μ für ihren Durchschnitt und N ist die Anzahl der Werte. Die entsprechende Formel für die Standardabweichung lautet:

$$\sigma = \sqrt{\frac{\sum_{i=1}^{N}(x_i - \mu)^2}{N}}.$$

Variationskoeffizient

Was hat eine größere Variabilität: das Gewicht von Katzen oder das Gewicht von Kühen? Nehmen wir an, das Durchschnittsgewicht der Katzen beträgt 4 kg und liegt in 95 % der Fälle zwischen 3 kg und 5 kg. Nehmen wir außerdem an, dass eine bestimmte Rasse von Kühen ein Gewicht zwischen 480 kg und 500 kg hat, ebenfalls in 95 % der Fälle. Wenn man eine Gruppe von Katzen analysiert, würde man eine große Varianz zwischen ihnen feststellen (einige wiegen fast doppelt so viel wie andere), während die Kühe fast alle gleich schwer sind.

Die Standardabweichung des Gewichts der Katzen wird jedoch bei etwa 0,5 kg liegen (gemäß den Gewichtsvariabilitätsmustern liegen 95 % der Individuen im Mittelwertintervall +/- zwei Standardabweichungen, die im nächsten Kapitel näher betrachtet werden). Bei den Kühen beträgt die Standardabweichung 5 kg, also zehnmal mehr, aber mit geringerer Variabilität.

Um dieses Paradoxon zu lösen, das sich beim Vergleich von Variabilitäten ergibt, wird ein Variationskoeffizient verwendet. Dieser Wert ist der Quotient aus der Standardabweichung (s) und dem Mittelwert (x):

$$CV = \frac{s}{\overline{x}}.$$

Man spricht auch von der Normalisierung der Variabilität in Bezug auf den Mittelwert. In unserem Beispiel erhalten wir 0,125 für die Katzen und 0,01 für die Kühe; ohne Einheiten, da es sich um ein dimensionsloses Maß handelt.

ZWEI METHODEN, DIE STANDARDABWEICHUNG ZU BERECHNEN

Varianz und Standardabweichung sind Schlüsselkonzepte der Statistik. Es gibt jedoch ein Problem, das oft verschwiegen wird. Wenn wir versuchen, die in einer Datenmenge enthaltenen Informationen zusammenzufassen, können wir uns in einer der folgenden Situationen befinden:

1. Die uns vorliegenden Daten sind Gegenstand unseres Interesses. Wir wollen den Durchschnitt oder die Standardabweichung dieser Daten ermitteln, die das repräsentieren, was wir als „Population" bezeichnen.

2. Die uns vorliegenden Daten sind eine Stichprobe der untersuchten Population. Mit anderen Worten, woran wir interessiert sind, ist nicht so sehr, den Durchschnitt oder die Standardabweichung der Daten zu finden, mit denen wir es zu tun haben, sondern Schätzwerte für die Population.

Für den Durchschnitt spielt es keine Rolle, in welcher dieser Situationen wir uns befinden. Die Formel ist die gleiche, denn die beste Schätzung für den Durchschnitt der Population ist der Durchschnitt einer Stichprobe. Wie immer, wenn wir durch eine Stichprobe Rückschlüsse auf die Population ziehen wollen, ist es notwendig, dass die Stichprobe repräsentativ ist.

Im Fall der Varianz liegen die Dinge etwas anders. Wenn wir die Population haben, ist die verwendete Formel diejenige, die zuvor abgeleitet wurde; aber wenn wir eine Stichprobe haben – und das Ziel ist, die Varianz der Population zu schätzen –, verwenden wir die folgende Formel:

$$s^2 = \frac{\sum_{i=1}^{n}(x_i - \overline{x})^2}{n-1}.$$

Warum? Das Problem liegt darin, dass bei der Arbeit mit Stichproben die Variabilität um den Durchschnitt der Stichprobe selbst berechnet wird (nicht um den Durchschnitt der Population, was uns eigentlich interessiert). Man könnte sagen, dass der Durchschnitt der Stichprobe den Daten in der eigentlichen Stichprobe entspricht, was zu der Tendenz führt, die Variabilität

Daten zusammenfassen: Positionsmaße

Häufig werden Maße verwendet, die nicht die Lage oder die Streuung angeben. Sie dienen zur Festlegung von Meilensteinen, zur Abgrenzung von Bereichen in der Datenmenge, indem sie Referenzpunkte für die Lokalisierung von Werten festlegen.

Quartile

Bei von unten nach oben sortierten Daten ist der Median der Punkt, an dem die Daten in zwei Hälften aufgeteilt werden. Das erste Quartil ist der Median der ersten Hälfte, sodass 25 % der Werte darunter und 75 % darüber liegen. Der Median der zweiten Hälfte ist das dritte Quartil, wobei 75 % darunter, 25 % darüber liegen.

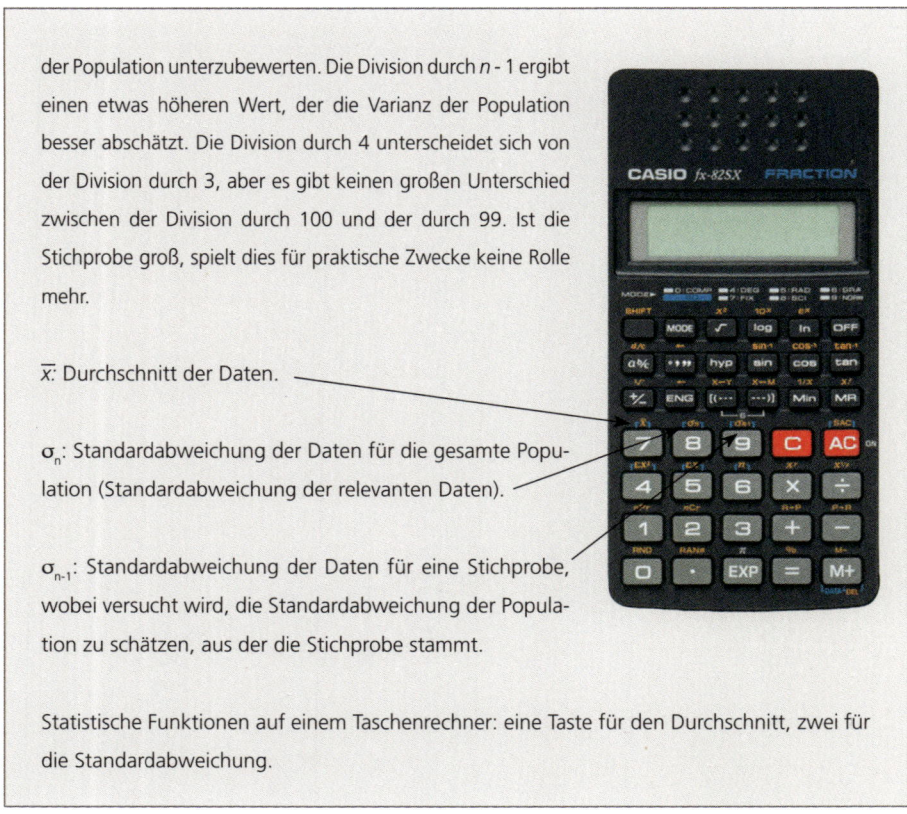

der Population unterzubewerten. Die Division durch $n-1$ ergibt einen etwas höheren Wert, der die Varianz der Population besser abschätzt. Die Division durch 4 unterscheidet sich von der Division durch 3, aber es gibt keinen großen Unterschied zwischen der Division durch 100 und der durch 99. Ist die Stichprobe groß, spielt dies für praktische Zwecke keine Rolle mehr.

$\bar{x}$: Durchschnitt der Daten.

σ_n: Standardabweichung der Daten für die gesamte Population (Standardabweichung der relevanten Daten).

σ_{n-1}: Standardabweichung der Daten für eine Stichprobe, wobei versucht wird, die Standardabweichung der Population zu schätzen, aus der die Stichprobe stammt.

Statistische Funktionen auf einem Taschenrechner: eine Taste für den Durchschnitt, zwei für die Standardabweichung.

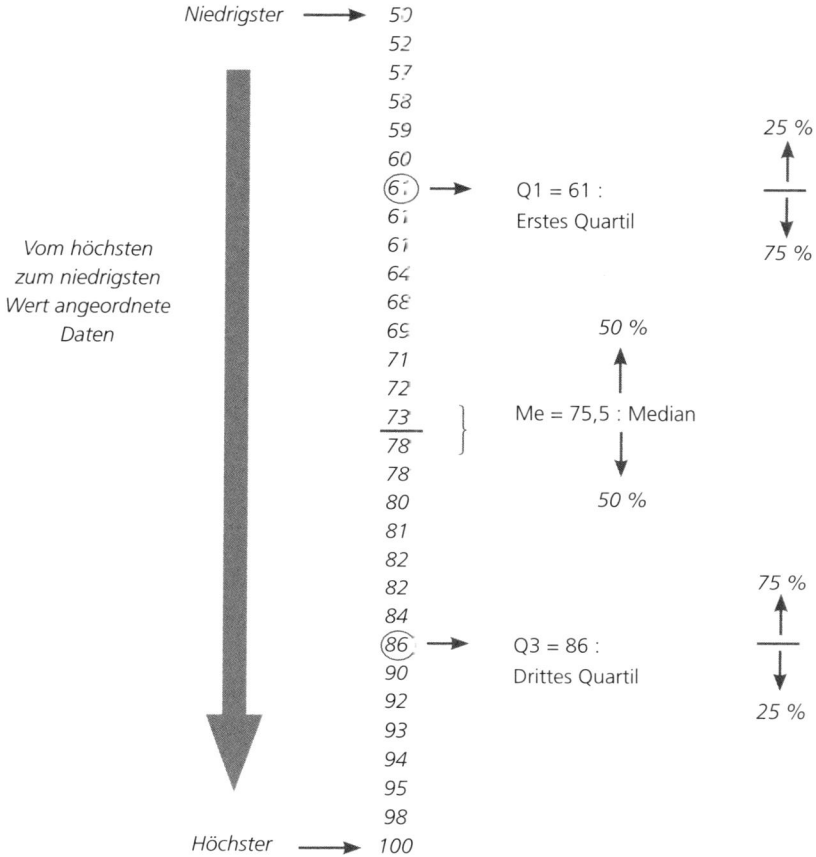

Diagramm, das den Median und die Quartile für eine Datenmenge mit 30 Einträgen zeigt.

Wenn in einer Firma das erste Quartil der Monatslöhne € 1.000 ist und das dritte Quartil € 2.000, dann bedeutet ein Lohn von € 800, dass Sie zu den 25 % gehören, die am wenigsten verdienen. Beträgt Ihr Gehalt € 1.500, liegen Sie in der Hälfte, die am meisten verdient, aber mindestens 25 % der Mitarbeiter verdienen mehr Geld als Sie. Wenn Sie € 2.100 pro Monat verdienen, gehören Sie zu den privilegierten 25 %, die am meisten verdienen.

Perzentile

Das 15. Perzentil ist der Wert, bei dem – wenn alle Daten sortiert sind – 15 % darunter und damit 85 % darüber liegen. Die Quartile sind das 25. und 75. Perzentil, der Median ist das 50. Perzentil.

Zurück zum Beispiel mit den Gehältern: Wenn Ihr Gehalt im 70. Perzentil liegt, bedeutet dies, dass 70 % weniger verdienen als Sie (oder dass 30 % mehr verdienen, je nachdem, wie optimistisch Sie das Ganze sehen). Perzentile werden auch zur Messung der Ergebnisse von Eignungstests verwendet. Wenn Sie sich im 90. Perzentil befinden, bedeutet dies, dass 90 % der Population, die den Test macht, im Hinblick auf die gemessene Fähigkeit schlechter sind.

Viele Menschen haben ihren ersten Kontakt mit Perzentilen, wenn die Hebamme sagt, die Größe eines Neugeborenen liege im 45. Perzentil. Das bedeutet, 45 % der Kinder (die Referenzen sind für Jungen und Mädchen unterschiedlich) seines Alters sind kleiner. Die Weltgesundheitsorganisation veröffentlicht Referenztabellen und Grafiken über das Wachstum verschiedener Altersgruppen.

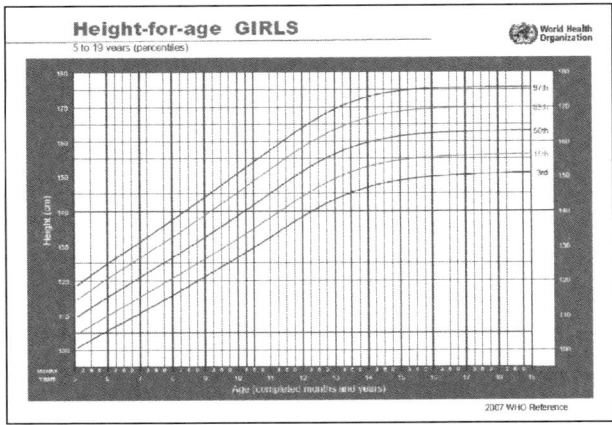

Von der Weltgesundheitsorganisation veröffentlichte Referenzgraphen mit dem Median und den 3., 15., 85. und 97. Perzentilen für die Größen von Kindern zwischen 5 und 19 Jahren.

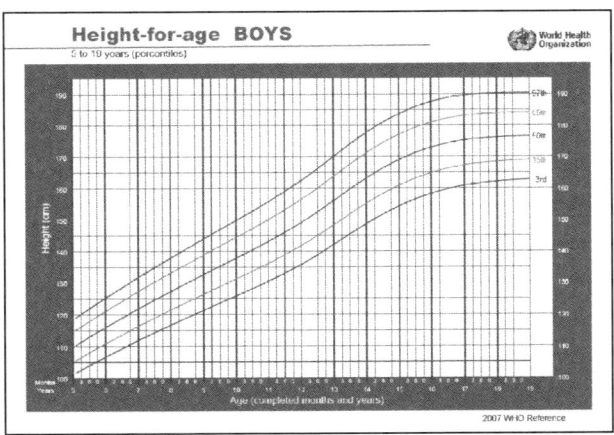

Prozentsätze: nicht so harmlos, wie sie aussehen

Eine Möglichkeit, einen relevanten Aspekt einer Datenmenge hervorzuheben, besteht in der Verwendung von Prozentsätzen („65 % der Minderjährigen im Alter von 10 bis 17 Jahren geben zu, dass sie Videospiele für Erwachsene spielen"). Statistikbücher befassen sich im Allgemeinen nicht mit dem Thema, weil vielleicht die Verfasser denken, dass es nicht in ihre Zuständigkeit fällt oder weil sie es für zu einfach halten. Selbst auf den einfachsten Taschenrechnern befindet sich die Prozenttaste neben den Additions-, Subtraktions-, Multiplikations- und Divisionstasten. Dies erweckt vielleicht den Anschein, Prozentrechnung sei mit Grundkenntnissen in der Arithmetik gut zu beherrschen. In Wahrheit können Prozentsätze jedoch zu Verwirrung und Missverständnissen führen. Es lohnt sich also, ein wenig Zeit mit diesem Thema zu verbringen.

Allgemeine Probleme

Wir sollten nie vergessen, was ein Prozentsatz ist. Ein Beispiel: Dusch- und Badegel wird normalerweise in Flaschen mit 750 ml verkauft, jetzt aber zum gleichen Preis in einer 1-Liter-Flasche. Wie viel Prozent des Gels erhält man kostenlos dazu? Das hängt davon ab, welcher Wert zur Berechnung des Prozentsatzes verwendet wird. Wenn wir die 750 ml verwenden, werden 33 % verschenkt, bei 1 Liter sind es 25 %.

Außerdem müssen wir zwischen Prozenten und Prozentpunkten unterscheiden. Wenn wir sagen, der Gewinn eines Unternehmens sei von 2 % auf 4 % gestiegen, dann ist er um zwei Prozentpunkte gestiegen (aber nicht um 2 %!).

Ebenso sollten wir zwischen Prozentsätzen auf der Grundlage von Niveaus und Prozentsätzen auf der Grundlage von Niveauänderungen unterscheiden. Das folgende Beispiel erklärt dieses Problem: Letztes Jahr verkaufte ein Verkäufer Waren im Wert von 10 Millionen Euro. Sein Ziel für dieses Jahr war es, diese Zahl um 6 % zu erhöhen. Der Verkäufer schaffte nur Verkäufe im Wert von 10,3 Millionen Euro. Welchen Prozentsatz des Ziels hat er erreicht? Wenn sein Ziel eine Steigerung war, hat er nur 50 % erreicht, aber wenn wir sein Ziel so interpretieren, dass er ein Umsatzziel von 10,6 Millionen erreichen wollte und er 10,3 Millionen umgesetzt hat, hat er 97,2% des Ziels erreicht.

Und schließlich ist auch bei Berechnungen mit Prozentsätzen Vorsicht geboten:
1.   Wenn der Preis eines Produkts um 20 % steigt und dann wieder um 20 % sinkt, wie sieht der Endpreis im Vergleich zum Startpreis aus? Die beiden werden

nicht gleich sein, sondern um 4 % abgenommen haben. Wenn der Anfangs-preis X war, ist der Endpreis $(X + 0,2X) - 0,2(X + 0,2X) = X - 0,04 X$.

2. Ein Produkt besteht aus zehn Komponenten und für jede Komponente erhöhen sich die Kosten um 2 %. Um wie viel steigen die Kosten für das Produkt? Sie steigen um 2 %. Es spielt keine Rolle, ob es einige sehr billige und einige sehr teure Komponenten gibt. Wenn Sie es nicht glauben, rechnen Sie nach!

3. Wenn Arthur 1.000 % mehr verdient als Oskar, verdient er elfmal so viel (nicht zehnmal). Wenn er 100 % mehr verdient, verdient er doppelt so viel, wenn er 200 % mehr verdient, dreimal so viel usw.

Das Simpson-Paradoxon: Es ist nicht so, wie es aussieht

Wenn globale Prozentsätze angegeben werden, die Gruppen vergleichen, die wiederum verschiedene Teile enthalten, können sie den Eindruck erwecken, das etwas Bestimmtes passiert, während in Wirklichkeit etwas anderes vor sich geht. Dieses Phänomen wird als Simpson-Paradoxon bezeichnet. Betrachten wir ein Beispiel.

Ein großes Unternehmen eröffnet eine neue Fabrik und schafft 250 Arbeits-plätze in den Bereichen Einkauf, Montage und Lagerung. Insgesamt bewerben sich 355 Männer und 325 Frauen, von denen 190 Männer (53,5 %) und 60 Frauen (18,5 %) eingestellt werden. Es wird sichergestellt, dass das Leistungsniveau der Männer und Frauen in jeder Kategorie ähnlich ist. Deuten die Prozentsätze in den zusammen-fassenden Zeilen darauf hin, dass die Frauen diskriminiert wurden? Nein. Die Daten sehen wie folgt aus:

Abteilung	Stellen	Bewerber		Eingestellt		% Einstellungen	
		Männer	Frauen	Männer	Frauen	Männer	Frauen
Einkauf	30	25	100	5	25	20	25
Montage	200	250	25	180	20	75	80
Lager	20	80	200	5	15	6,25	7,5
GESAMT	250	355	325	190	60	53,5	18,5

Tatsächlich war in allen Abteilungen der Einstellungsanteil bei den Frauen höher. Der Schlüssel liegt darin, dass sich viele Männer und wenige Frauen bei der Abteilung beworben haben, die die meisten Arbeitsplätze anbietet, während das Gegenteil bei Abteilungen mit weniger Stellen der Fall war.

Grafische Darstellungen einer Variablen

Beginnen wir mit einer Aufgabe: Ein Bäcker ist besorgt, weil er den Verdacht hat, dass das Gewicht der von ihm verkauften Brotlaibe zu unterschiedlich ist, sodass einige davon womöglich sogar unter den gesetzlich vorgeschriebenen Grenzwerten liegen. Für die Herstellung der Brote werden zwei Maschinen eingesetzt, an denen auch zwei Mitarbeiter arbeiten. An manchen Tagen macht einer von ihnen das Brot, an anderen Tagen macht es der andere. Die folgende Tabelle enthält die Gewichte (in Gramm) der in den letzten 20 Tagen nach dem Zufallsprinzip entnommenen Brotstichproben.

Tag	Mitarbeiter	Maschine 1				Maschine 2			
1	A	220,3	215,5	219,1	219,2	220,3	208,0	214,4	219,2
2	B	215,8	222,0	218,9	213,6	216,9	213,4	217,7	217,7
3	B	220,4	218,7	218,6	219,6	222,9	219,7	209,4	221,6
4	B	221,5	227,0	219,5	222,5	223,1	215,3	220,4	215,6
5	A	215,7	225,3	223,0	218,0	216,0	210,9	221,4	210,9
6	A	222,7	215,1	219,6	217,3	212,1	213,0	218,0	216,5
7	A	216,0	218,8	217,9	213,0	216,9	216,0	213,5	219,2
8	B	219,4	218,3	216,7	224,1	216,2	218,4	216,6	214,9
9	B	219,8	222,6	219,1	217,7	216,2	212,2	216,9	214,9
10	A	220,2	219,5	222,4	219,9	222,9	214,3	219,1	216,7
11	B	218,0	223,9	219,6	221,9	214,9	212,6	219,4	213,3
12	B	219,3	219,6	218,8	219,9	219,0	216,7	216,4	213,5
13	B	220,0	214,1	224,3	217,4	218,0	219,5	219,5	222,3
14	A	223,9	220,6	219,5	219,6	211,8	218,2	218,3	217,4
15	A	218,1	218,8	218,4	217,9	214,6	215,7	218,0	216,4
16	B	216,9	221,6	220,6	222,6	215,6	220,4	217,3	216,2
17	B	217,9	225,7	222,2	216,1	212,5	214,6	209,7	211,3
18	A	224,2	216,2	219,9	220,4	215,8	219,9	216,5	211,9
19	A	214,1	219,7	222,4	224,5	213,7	209,7	216,9	213,1
20	A	221,1	225,0	222,7	222,2	212,5	217,5	217,4	215,7

Das Gewicht muss 220 ± 10 Gramm betragen. Wir gehen davon aus, dass diese Daten für die allgemeine Produktion repräsentativ sind. Wir wollen die folgenden Fragen beantworten: Gibt es ein Problem? Wenn ja, was ist los? Was muss getan werden, um das Problem zu lösen, falls es eines gibt?

Wenn Sie nun versuchen, durch einfaches Betrachten der Daten Schlussfolgerungen zu ziehen, machen Sie womöglich einen Fehler. Obwohl es in diesem Fall 160 Werte gibt, ist der Versuch, Schlussfolgerungen durch reine Betrachtung der Daten zu ziehen, immer riskant. Es ist auch nicht notwendig, große Berechnungen durchzuführen oder ausgefeilte Techniken anzuwenden. Es genügt, die Daten in einem Diagramm darzustellen, wie nachfolgend gezeigt.

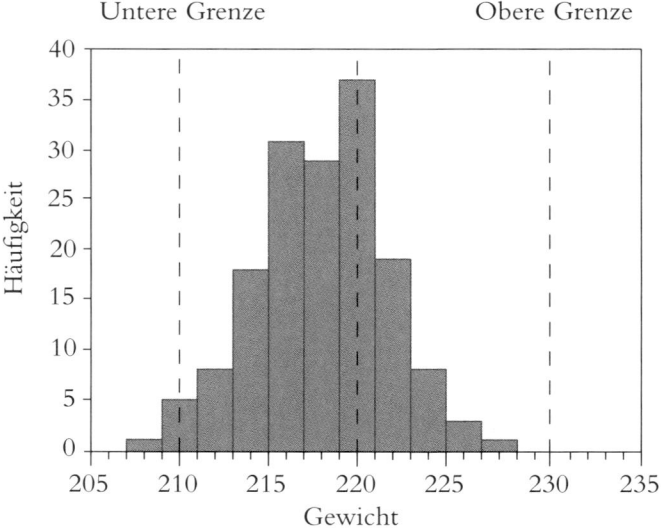

Ein Histogramm für die Gewichte von 160 Broten.

Dieser Graph wird als Histogramm bezeichnet und ist sehr praktisch für die Analyse der Variabilität in Daten.

Für unser Beispiel zur Variabilität des Gewichts von Brotlaiben zeigt das Histogramm, dass es ein Problem gibt, da einige Brote außerhalb der zulässigen Grenzen liegen. Mit anderen Worten, sie sind keine Ausnahmen, sondern Teil der natürlichen Variation im Brotherstellungsprozess.

Sortiert man nach Mitarbeiter und Maschine, wie in den folgenden Histogrammen gezeigt, ist zu erkennen, dass das Problem an Maschine 2 liegt, die einen Versatz aufweist. Mit Maschine 1 gibt es kein Problem, denn die beiden Mitarbeiter liefern fast gleiche Ergebnisse.

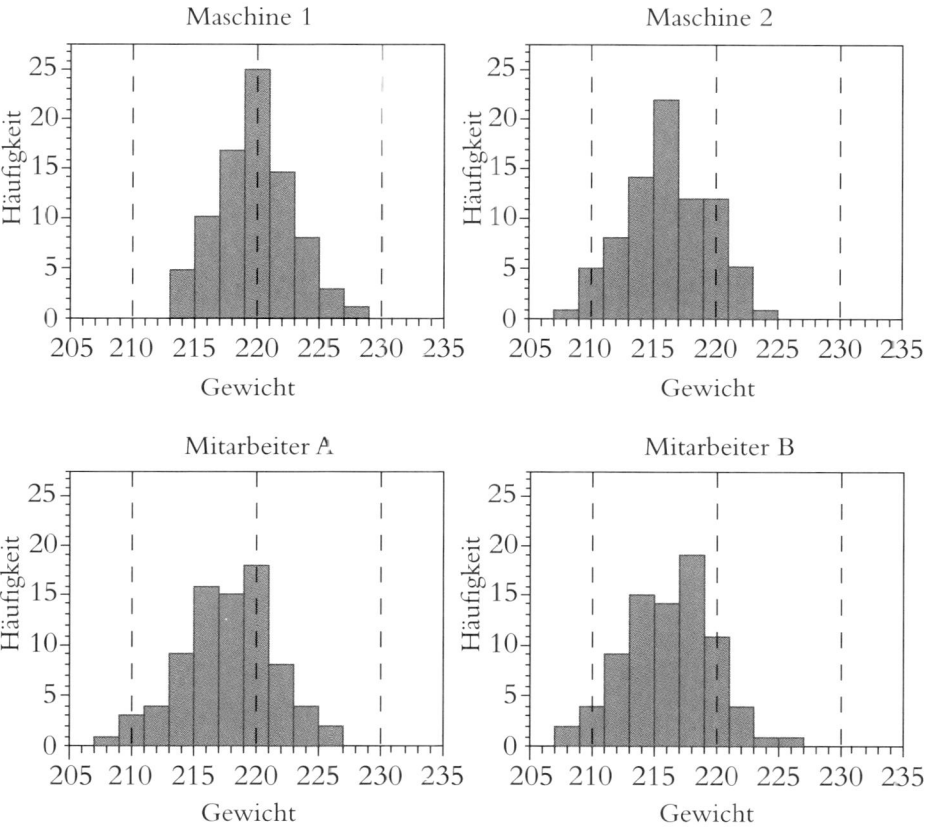

Die Gewichte der Brotlaibe, sortiert nach Maschine und Mitarbeiter.

Selbst wenn wir sehr wenige Werte verwenden, z. B.:

21,1; 17,8; 19,7; 18,6; 16,8; 21,7; 28,7; 20,1; 19,5; 17,8

offenbart ein einfaches Punktdiagramm die Details, die bei einer Betrachtung der Daten allein unbemerkt bleiben können. In diesem Fall gibt es einen Wert, der deutlich vom Rest entfernt liegt und es wäre sinnvoll, die Ursache für diesen „Ausreißer" zu analysieren. Vielleicht ist es nur ein Tippfehler und es sollte 18,7 statt 28,7 heißen. Solche Aspekte sind wichtig, da die Arbeit mit fehlerhaften Daten die Ergebnisse einer Studie verzerren kann.

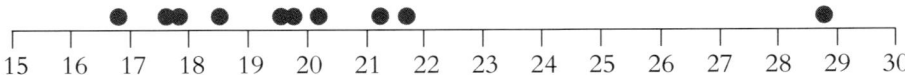

Punktdiagramm einer Datenmenge.

Wenn wir die Reihenfolge berücksichtigen wollen, in der die Daten erfasst wurden, sind Histogramme und Punktdiagramme nicht geeignet. Wir können sie mit einem Zeitreihen-Punktdiagramm darstellen, wie in der folgenden Abbildung gezeigt, die die Zunahme der mittleren Größe der Spanier für fast das ganze 20. Jahrhundert zeigt. Natürlich hat die Extrapolation dieses Graphen wenig Wert. Es ist eher unwahrscheinlich, dass wir in den nächsten 1.000 Jahren 270 cm groß werden.

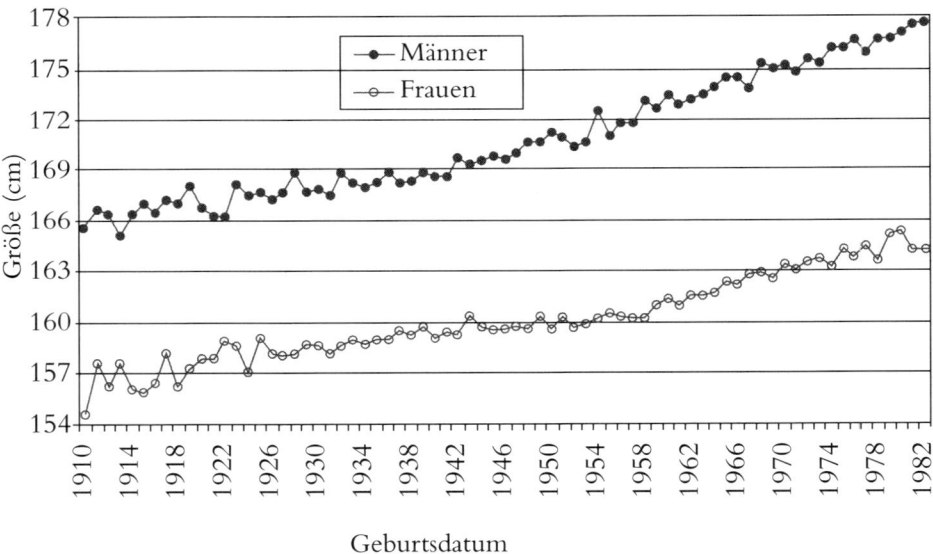

Geburtsdatum

Entwicklung der mittleren Größe der erwachsenen Bevölkerung Spaniens über die Generationen, 1900-1982. (Quelle: J. Spijker, J. Pérez und A.D. Cámara: „Änderung der Größe innerhalb der Generationen in Spanien im 20. Jahrhundert, ermittelt von der nationalen Gesundheitsbehörde", spanische Statistikzeitschrift, Nr. 169, 2008).

Histogramme sind typische, grafische Werkzeuge, ebenso wie Balkendiagramme, Kreisdiagramme, Streudiagramme und Liniengraphen. Es können jedoch auch noch andere, weniger bekannte Methoden angewendet werden, wie beispielsweise Stamm- und Blattdiagramme.

Betrachten wir ein praktisches Beispiel:

Eine Klasse mit 92 Schülern wurde gebeten, den Puls für eine Minute zu messen. Das folgende Histogramme stellt die erhaltenen Werte dar. (Alle in diesem Beispiel verwendeten Werte sind Teil einer der im Statistiksoftwarepaket „Minitab" enthaltenen Dateien.)

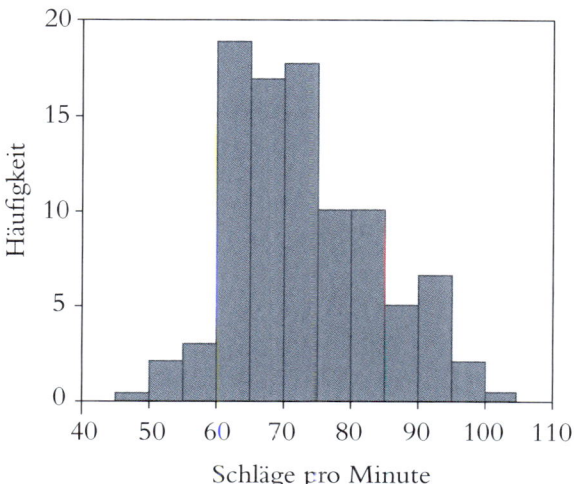

Stamm	Blätter
4	8
5	4 4
5	8 8 8
6	0 0 0 0 1 2 2 2 2 2 2 2 2 4 4 4
6	6 6 6 6 6 8 8 8 8 8 8 8 8 8 8
7	0 0 0 0 0 0 2 2 2 2 2 2 4 4 4 4 4
7	6 6 6 6 6 8 8 8 8 8
8	0 0 0 2 2 2 4 4 4 4
8	6 7 8 8 8
9	0 0 0 0 2 2 4
9	6 6
10	0

Histogramm sowie Stamm- und Blattdiagramm für die Pulsschläge pro Minute von 92 Schülern.

Unterhalb des Histogramms zeigen wir ein Stamm- und Blattdiagramm. Um es zu zeichnen, wird jeder Wert (Anzahl der Pulsschläge pro Minute) in zwei Teile geteilt: Die kleinsten Zahlen (in diesem Fall die Einer) sind die Blätter und der Rest (Zehner und Hunderter) bildet den Stamm. Der niedrigste Wert ist 48, dann 54 und wieder 54, dann dreimal 58, bis schließlich zu einer einzelnen 100. Beachten Sie, dass die Länge der Elementelisten mit den Höhenlinien des Histogramms übereinstimmt. Das Stamm- und Blattdiagramm zeigt also dasselbe wie das Histogramm, aber es kann noch mehr:

1. Wir können neue Informationen gewinnen. Wenn wir uns das Histogramm ansehen, erkennen wir, dass es einen Wert zwischen 45 und 50 gibt, aber wir kennen den genauen Wert nicht, während im Stamm- und Blattdiagramm diese Informationen ganz offensichtlich sind.

2. Im Stamm- und Blattdiagramm können wir Details erkennen, die sonst unbemerkt bleiben würden. Zum Beispiel darf man nicht davon ausgehen, dass alle Schüler eine Minute lang den Puls gemessen haben. In diesem Fall würde etwa die Hälfte von ihnen auf ein gerades Ergebnis kommen, die andere Hälfte auf ein ungerades. Wir bemerken jedoch, dass die Ergebnisse fast alle gerade sind, d. h. die Schüler haben 30 oder 15 Sekunden lang gemessen und dann mit 2 oder 4 multipliziert. Das auf diese Weise erzielte Ergebnis weist eine größere Fehlerquote auf, als wenn sie eine Minute lang gemessen hätten.

Manchmal werden für bestimmte Situationen spezifische Diagramme erstellt. Ein Beispiel dafür sind die Graphen, die in den Online-Ausgaben einiger Zeitungen erscheinen und die Berichterstattung von Fußballspielen begleiten. Diese Diagramme zeigen den Spielverlauf und die Torschüsse eines jeden Teams anhand mehrerer Variablen an. Sie informieren den Leser über die unterschiedlichsten Details, vom Pfostenschuss bis zum verpatzten Elfmeter.

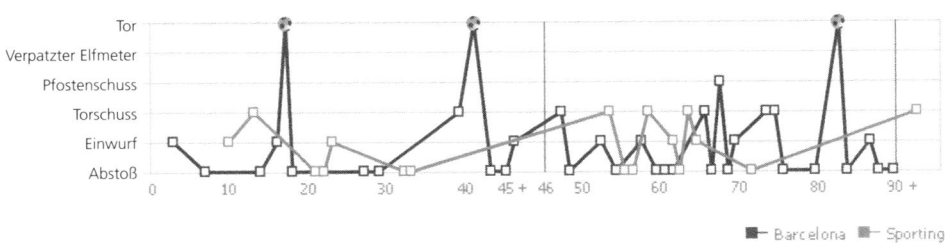

Die Angriffszüge in einem Fußballspiel, grafisch dargestellt.

Normalerweise verwendet man ein Computerprogramm zum Zeichnen von Graphen, im Allgemeinen mit einer speziellen Statistiksoftware, mit Tabellenkalkulationen oder Textverarbeitungsprogrammen.

Das Textverarbeitungsprogramm, mit dem dieses Buch geschrieben wurde, unterstützt einfache Graphen. Wir können unter anderem spektakuläre, dreidimensionale Diagramme oder einfach nur „flache" Diagramme wählen. Dreidimensionale Diagramme sind die auffälligsten, aber auch die undurchschaubarsten.

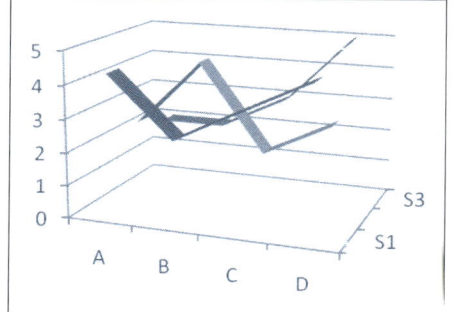 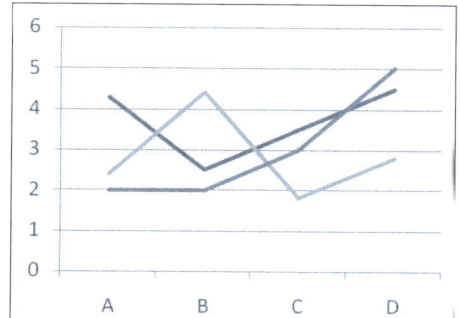

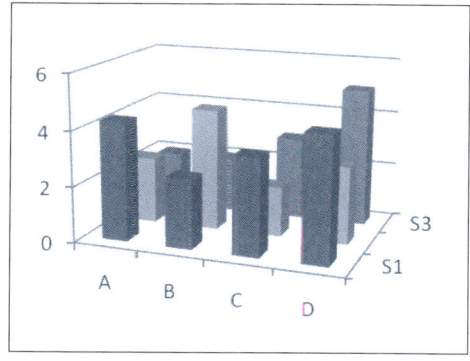

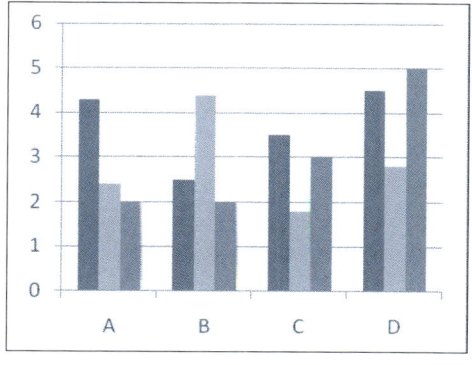

Mit Microsoft Word erstellte Graphen.

35

Betrachten wir zum Abschluss dieses Abschnitts über die grafische Darstellung von Variablen noch einmal unser Beispiel aus der Bäckerei. Angenommen, es gibt eine dritte Maschine, für die es auch eine Gewichtsstichprobe für 80 Brote gibt (wie für Maschine 1). Wie beurteilen Sie die Variabilität dieser neuen Maschine im Vergleich zu der von Maschine 1?

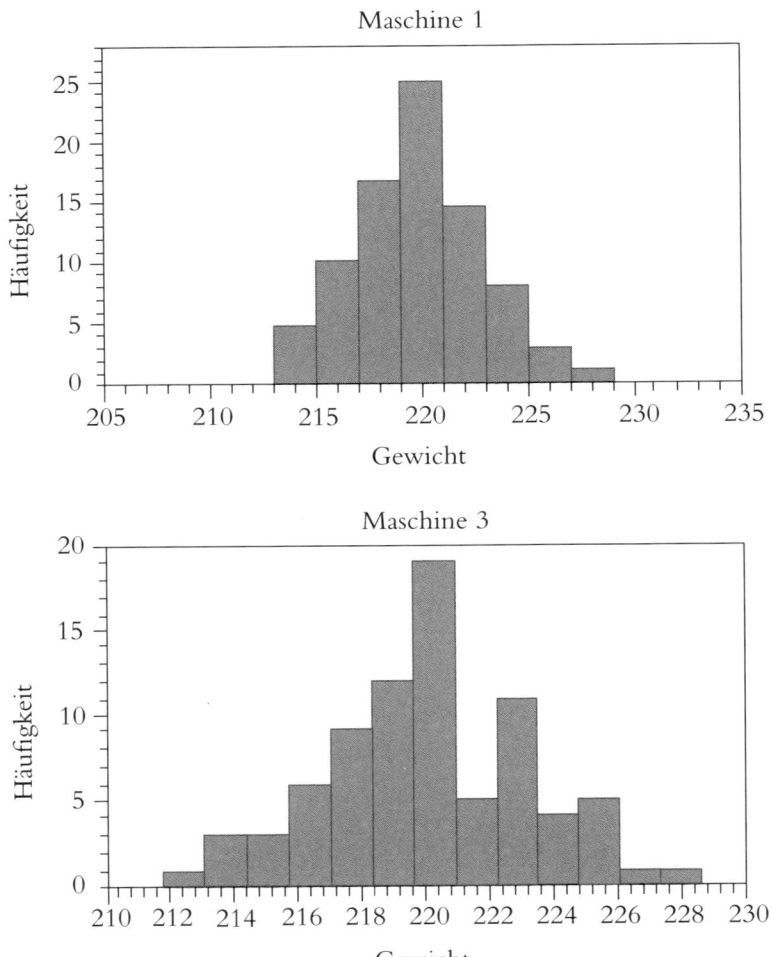

Was würden Sie über Maschine 3 im Vergleich zu Maschine 1 sagen?

Wenn Sie denken, dass Maschine 3 mehr Variabilität verursacht als Maschine 1, liegen Sie falsch. Die beiden Histogramme wurden mit derselben Datenmenge erstellt, aber sie sehen unterschiedlich aus, weil die Skalen unterschiedlich gewählt wurden.

Sie haben Recht, das war ein Trick. Der Schlüssel liegt in der Art und Weise, wie die Daten präsentiert werden. Wenn Sie Graphen zeichnen, um verschiedene Situationen zu vergleichen, müssen Sie also darauf achten, dass die Skalen gleich sind. Das Computerprogramm passt die Größe des Rahmens standardmäßig an die Variabilität der Daten an. Sie müssen selbst dafür sorgen, dass die Skalen gleich sind. Andernfalls führt dies zu Fehlern, wenn andere die Graphen verwenden – und auch Sie selbst könnten in Ihre eigene Falle tappen.

Darstellungen der Beziehungen zwischen zwei Variablen

Für die Darstellung der Beziehung zwischen zwei Variablen werden Graphen wie der nachfolgende verwendet. Dieses spezielle Beispiel zeigt das Verhältnis zwischen Preis und Leistung einer Gruppe von 449 Dieselfahrzeugen. Sie erkennen, dass einige der Werte für die Leistung, wie z. B. 150 PS, häufiger vorkommen als andere. Und Sie erkennen auch, dass einige Autos billig sind im Vergleich zu anderen mit der gleichen Leistung.

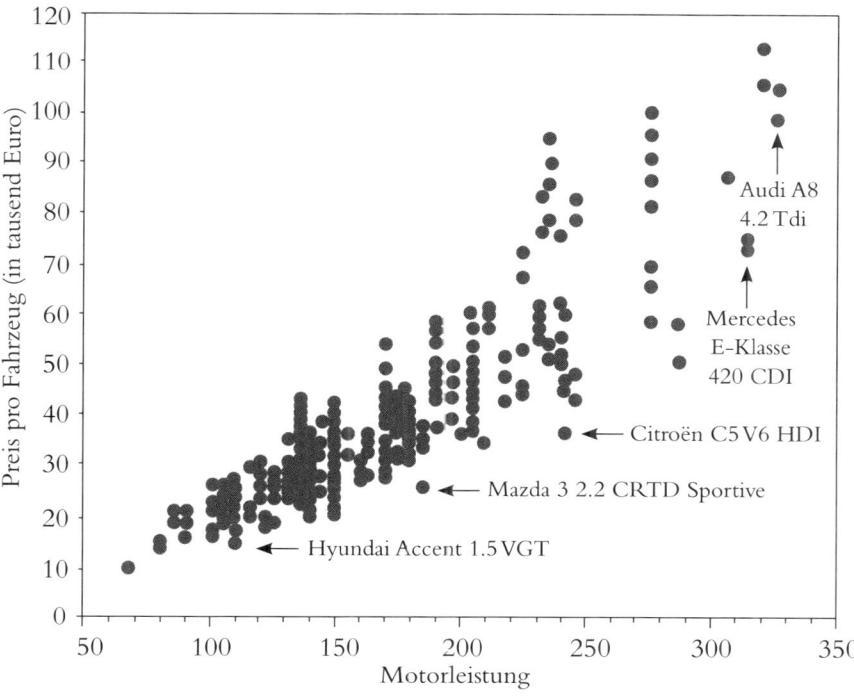

Das Preis-Leistungs-Verhältnis für eine Menge von 449 Dieselfahrzeugen.
(Quelle: Website des Real Automóvil Club de España, 10. November 2009).

Nur weil Sie eine enge Beziehung zwischen Variablen sehen, bedeutet das nicht, dass es unbedingt eine Ursache-Wirkungs-Beziehung zwischen ihnen gibt. Wenn wir zum Beispiel diese Art von Graphen erstellen, um die Brandschäden mit der Anzahl der Feuerwehrleute bei den Einsätzen in Verbindung zu bringen, werden wir sicherlich einen engen Zusammenhang erkennen: Je mehr Schaden entsteht, desto mehr Feuerwehrleute sind anwesend, aber das bedeutet nicht, dass die Feuerwehrleute den Schaden verursacht haben. Ein weiteres Beispiel wäre zu behaupten, die Grundschüler mit den größten Füßen machen weniger Recht-schreibfehler als diejenigen mit kleinen Füßen. Das glauben Sie nicht? Es ist wahr – die ältesten Kinder haben größere Füße und machen weniger Rechtschreibfehler. In beiden Fällen gibt es eine dritte Variable, die die Ursache-Wirkungs-Beziehung zwischen den beiden zu analysierenden Variablen manipuliert.

Aber es gibt Fälle, in denen dies nicht so klar ist. Am 28. Dezember 1994 veröffentlichte die *New York Times* einen Artikel über die gesundheitlichen Auswir-kungen des Weinkonsums. Dieser enthielt eine Tabelle mit dem durchschnittlichen Weinkonsum und der Sterblichkeitsrate aufgrund von Herzerkrankungen für 21 Länder. Nachfolgend sehen Sie eine grafische Darstellung dieser Daten.

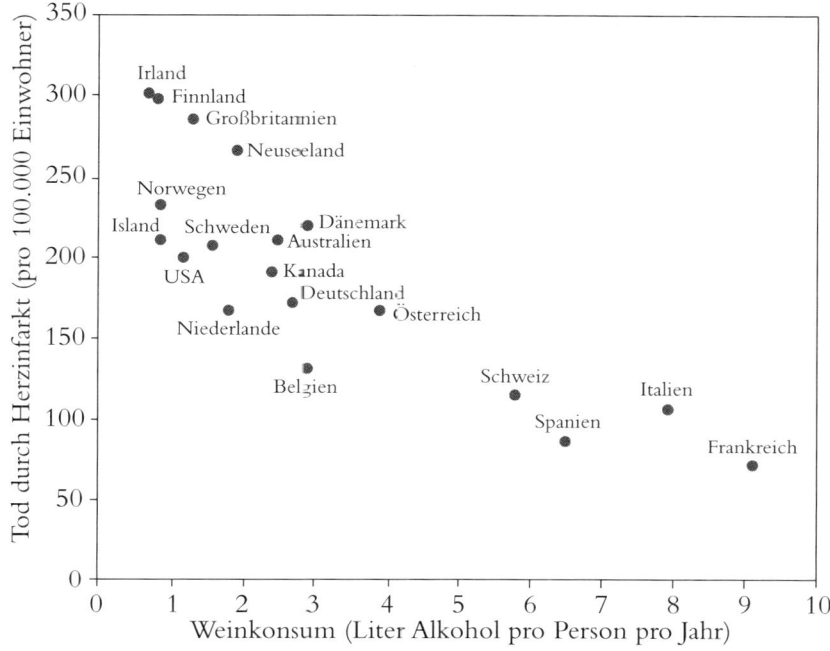

Zusammenhang von Todesfällen durch Herzkrankheiten und Weinkonsum in 21 Ländern (Quelle: The New York Times, 28. Dezember 1994).

Wir erkennen, dass die Länder mit dem höchsten Weinkonsum eine geringere Sterblichkeitsrate aufgrund von Herzerkrankungen aufweisen. Das bedeutet aber nicht, dass es zwangsläufig eine Ursache-Wirkungs-Beziehung zwischen beidem gibt. Dieser Graph zeigt, dass wir ein geringeres Risiko haben, an einer Herzkrankheit zu leiden, wenn wir mehr Wein trinken (natürlich nur innerhalb vernünftiger Grenzen). Die Länder mit dem höchsten Weinkonsum sind gleichzeitig die größten Produzenten; und wo Wein produziert wird, gibt es ein bestimmtes Klima, Essgewohnheiten, Bräuche usw., die für ein geringeres Auftreten dieser Art von Krankheit verantwortlich sein könnten. Dies könnte jedoch genauso gut auf den moderaten Weinkonsum zurückzuführen sein, was sich allerdings in den verfügbaren Daten nicht zeigt.

EINFACHE GRAPHEN FÜR RECHTLICH KOMPLEXE SITUATIONEN

Die Präsidentschaftswahlen in den Vereinigten Staaten im Jahr 2000 mit dem Demokraten Al Gore gegen den Republikaner George W. Bush hatten ein sehr knappes und auch sehr umstrittenes Ergebnis. Im Bundesstaat Florida mit sechs Millionen Wählern gewann Bush mit einem Vorsprung von 537 Stimmen, und wer von beiden diesen Staat eroberte, hatte die für die Übernahme der Präsidentschaft erforderliche Mehrheit. Es gab Einwände gegen die Zählung und die Gerichte mussten entscheiden. Ohne die rechtlichen Aspekte zu berücksichtigen, zeigt der Graph die von Al Gore erhaltenen Stimmen im Vergleich zum anderen Kandidaten, Patrick J. Buchanan, in jedem der 67 Bezirke des Staates Florida.

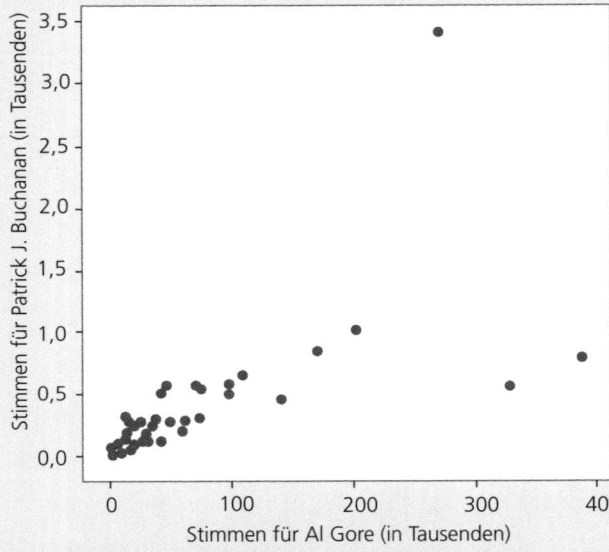

Die Stimmen von Patrick J. Buchanan gegen Al Gore in allen 67 Verwaltungsbezirken des Staates Florida (Quelle: D.S. Moore: Learning from Data in Statistics: A Guide to the Unknown, 4. Auflage).

Als erstes fällt der Wert von Palm Beach ins Auge, der nicht dem allgemeinen Muster folgt. Die Punkte liegen eng beieinander und geben einen Trend an, nach dem Buchanan in Palm Beach rund 1.500 Stimmen erhalten sollte, in Wirklichkeit bekam er 3.411. Betrachtet man diesen Graphen, wird deutlich, dass in Palm Beach etwas Besonderes passiert ist. Aber es gab keinen Grund dafür, warum Buchanan in diesem Bezirk einen Prozentsatz an Stimmen erhalten sollte, der weitaus größer war als in den anderen Bezirken. Er und sein Team erklärten, dass der Erhalt von 1.000 Stimmen eine optimistische Erwartung sei. Bald stellte sich heraus, dass die Besonderheit die Gestaltung des Stimmzettels war, mit dem in diesem Bezirk abgestimmt wurde. Es musste ein Loch für den gewählten Kandidaten gestanzt werden, aber die Zuordnung der dafür vorgesehenen Kreise zu den einzelnen Kandidaten sorgte für Verwirrung und viele Leute (zweifellos mehr als 2.000, wie aus dem Graphen ersichtlich ist) stimmten für Buchanan, obwohl sie eigentlich für Al Gore stimmen wollten.

Achtung: Skalierungen haben es in sich

Bei einer Datenmenge sind der Mittelwert oder die Standardabweichung konkrete Werte. Wenn uns jemand mitteilt, das arithmetische Mittel einer Datenmenge sei 3,1 und jemand anderes darauf beharrt, es sei 4,2, dann liegt einer von ihnen falsch (oder vielleicht auch beide), weil eine Datenmenge einen eindeutigen Mittelwert hat. In grafischen Darstellungen passiert das nicht. Wenn wir eine Datenmenge in einem Histogramm darstellen, hängt die Form des Graphen von der gewählten Skala ab (wir haben dies bereits bei den Daten für die hypothetische Maschine 3 in der Bäckerei gesehen), ebenso wie von den Breiten, die für die Darstellung von Intervallen verwendet werden sowie den Grenzen der Intervalle. Selbst wenn die Breite gleich ist, hat das Histogramm nicht die gleiche Form, wenn die Grenzen 190, 192, 194,.... lauten oder wenn sie 191, 193, 195 sind.

So könnte beispielsweise die Entwicklung eines Konjunkturindikators für die letzten sechs Monate durch die linke Grafik dargestellt werden, die einen spektakulären Anstieg zeigt, oder durch die rechte Grafik, in der er praktisch stabil geblieben zu sein scheint. Der Unterschied ist die vertikale Skala.

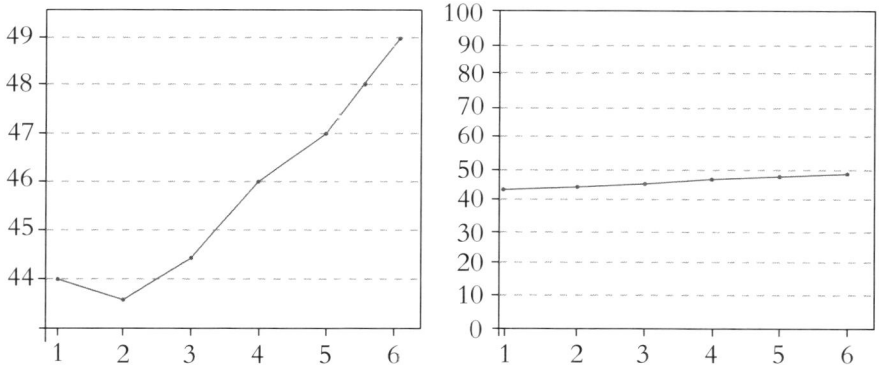

Die beiden Graphen stellen dieselben Werte dar. Der Graph auf der linken Seite vermittelt uns den Eindruck eines enormen Anstiegs, während der rechte Graph so aussieht, als hätten die Werte praktisch stagniert.

Auch die horizontale Skala kann zu Überraschungen führen. Das Diagramm auf Seite 42 zeigt den Jahresumsatz eines Produkts in den letzten vier Jahren. Da jedoch dieser Graph im Mai 2010 erstellt wurde, reichen die Gesamtdaten für 2010 nur bis April. Obwohl dies auf der Skala angegeben ist, entsteht der Eindruck, als würden die Umsätze sinken, während (unter der Annahme, dass bis April bereits ein Drittel des Jahresumsatzes erzielt wurde) eigentlich zu erwarten ist, dass der Umsatz für dieses Jahr mehr als 150 betragen würde

DIE *CHALLENGER*

Jeder von uns hat irgendwann das Bild des Space Shuttles „Challenger" in Startposition gesehen: eine Art Flugzeug, das senkrecht steht und an einem großen Kraftstofftank befestigt ist, der auf beiden Seiten wiederum so etwas wie einen kleinen Tank hat – die Raketen, die das Fahrzeug in den Orbit bringen. Diese Raketen können, genau wie andere Teile des Shuttles, nicht in einem Stück transportiert werden, sondern werden in Teilen hergestellt, zum Startplatz transportiert und dort montiert. Um sicherzustellen, dass keine Risse in den Fugen entstehen, was eine Katastrophe verursachen könnte, werden große, 6 mm dicke O-Ring-Dichtungen aus Gummi mit einem Durchmesser von 12 m verwendet. In der Nacht vom 27. auf den 28. Januar 1986 berief eine Gruppe von Technikern und Direktoren des Unternehmens, das diese Raketen herstellte, eine Telefonkonferenz mit ihren Kollegen bei der NASA ein, um die Möglichkeit zu erörtern, den für den nächsten Tag geplanten Start zu verschieben. Sie waren besorgt, weil für den Zeitpunkt des Starts eine viel niedrigere Temperatur erwartet wurde als normal (zwischen 22 und 23 °C) – bei diesen Temperaturen würden die Dichtungen keine Versiegelung garantieren. Die Techniker verfügten über Daten von früheren Starts, da sie die Hüllen der Raketen geborgen und akribisch analysiert und bei einigen davon Mängel in den Dichtungen festgestellt hatten, obwohl es nie einen schweren Unfall gegeben hatte. Nach der Analyse der verfügbaren Daten ging man davon aus, dass es keine Hinweise darauf gab, dass die Temperatur eine mögliche Verschlechterung der Dichtungen verursachen würde und man entschied, den Start fortzusetzen.

Am nächsten Morgen, 59 Sekunden nach Beginn der Startsequenz, trat plötzlich eine Flamme aus einer Dichtung aus, die nicht versiegelt zu sein schien. Die Flamme wurde schnell größer, bis sie schließlich den Tank erreichte, der explodierte, was zum Tod der sieben Astronauten an Bord führte. Die ganze Welt war erschüttert und das gesamte Shuttle-Programm der NASA musste von Grund auf überprüft werden.

Präsident Reagan ordnete die Einrichtung einer Untersuchungskommission an, die sich aus renommierten Mitgliedern der Wissenschafts- und Raumfahrtgemeinschaft zusammensetzte. Die Kommission stellte fest, dass eine miserable Analyse der verfügbaren Daten vorgenommen worden war und einer der Irrtümer darin lag, nicht die Flüge zu berücksichtigen, bei denen die Dichtungen keine Schäden erlitten hatten (Abb. 1), während eine Analyse des Verhaltens der Dichtungen bei allen Starts den Zusammenhang zwischen den beobachteten Rissen und der Starttemperatur aufgedeckt hätte (Abb. 2). Abb. 2 zeigt deutlich, dass es keinerlei Erfahrungen und damit keine Garantie dafür gibt, dass es bei der erwarteten Temperatur keine Probleme geben würde. Außerdem ist zu erkennen, dass mit abnehmender Temperatur mehr Probleme auftraten. In Abb. 3 wurde die Anzahl der Dichtungen mit Schäden (das Ausmaß der Verschlechterung ist nicht definiert) durch eine Bewertung des Untersuchungsausschusses ersetzt; hier ist das Verhältnis noch deutlicher. Dies ist ein Beispiel dafür, wie eine einfache grafische Analyse der Daten viele Informationen liefern kann.

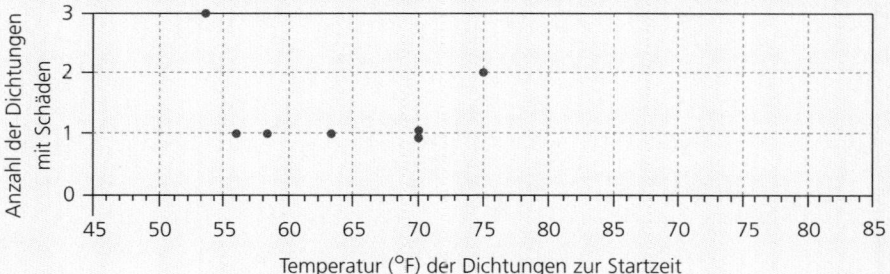

Abbildung 1: Jeder Punkt stellt einen Start dar, bei dem Schäden an den Dichtungen festgestellt wurden.

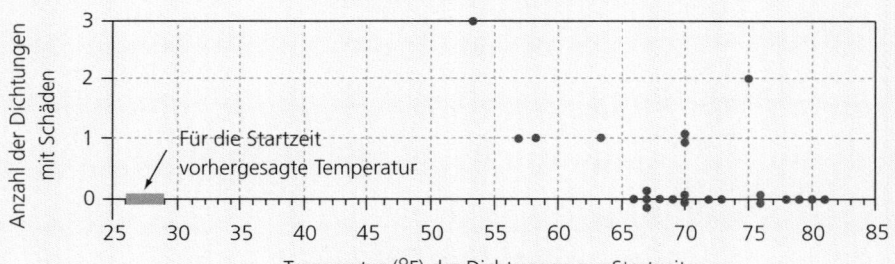

Abbildung 2: Die Skala wurde vergrößert, um die erwartete Starttemperatur zu berücksichtigen. Die Flüge ohne Beeinträchtigungen der Dichtungen sind ebenfalls enthalten.

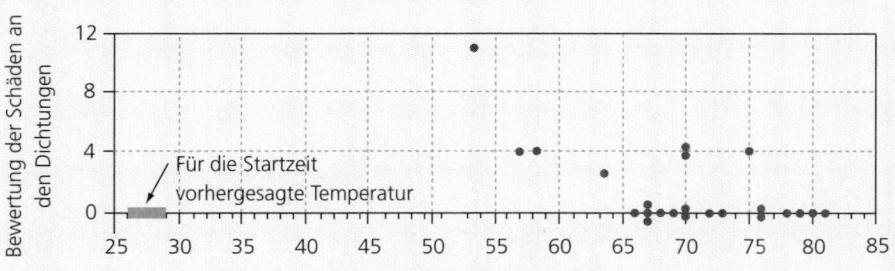

Abbildung 3: Für jeden Flug wurde der Schaden an den Dichtungen bewertet. Die Bewertung ist an der vertikalen Achse angetragen (Quelle: E.W. Tufte: Visual Explanations).

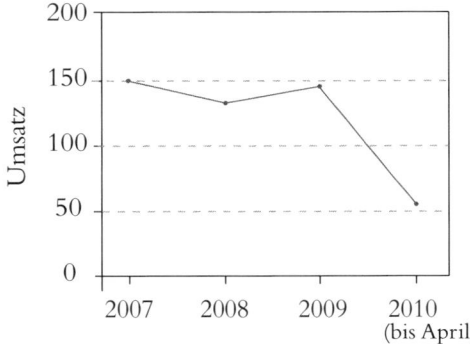

Die vier Werte können nicht verglichen werden: Der Wert für 2010 repräsentiert nur ein Vierteljahr.

Auch abhängig von der ausgewählten Variablen können Graphen unterschiedliche Eindrücke vermitteln. Wenn Ihr Unternehmen beispielsweise immer weniger verkauft, wie im linken Graphen unten gezeigt, können Sie den Graphen auf der rechten Seite erstellen, wo die kumulierten Werte dargestellt sind, die immer noch zunehmen.

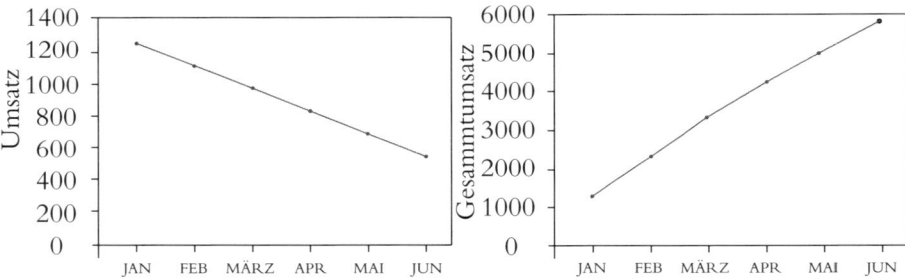

Zwei Möglichkeiten, die Umsatzentwicklung zu zeigen: monatlich (links) oder kumuliert (rechts).

Bitte denken Sie nun jedoch nicht, dass Graphen nur irgendwelche Formen sind, die beliebig geändert werden können, um jeden gewünschten Eindruck zu vermitteln. Es gibt leicht verständliche und nützliche Graphen, deren Informationen auf den ersten Blick verständlich sind, wie z. B. die Histogramme für das Bäckereibeispiel. Graphen können aber auch verworren, verwirrend und sogar unrichtig sein, wenn mit den dargestellten Skalen oder Variablen gespielt wird oder verwirrende Zeichnungen und Abbildungen verwendet werden. Im Allgemeinen lassen sich solche Sachverhalte jedoch schnell aufdecken, wenn Sie die Graphen aufmerksam und kritisch studieren.

Kapitel 2

Berechnung von Wahrscheinlichkeiten: In einer Welt der Unsicherheit zurechtkommen

Die Berechnung von Wahrscheinlichkeiten weckte großes Interesse bei all denjenigen, die dachten, dass mit dieser Disziplin Gewinnstrategien für Casinos, Lotterien und Glücksspiele entwickelt werden könnten. Bald aber war klar, dass sie dafür nicht geeignet war. Eigentlich hilft sie denen, die die Spiele entwerfen, aber nicht den Spielern – solange diese ihre Arbeit richtig machen.

Nützlicher ist die Berechnung von Wahrscheinlichkeiten in anderen Bereichen. Beispielsweise verwenden Ärzte sie, um zu beurteilen, ob ein groß angelegtes Impfprogramm sinnvoll wäre. Die Industrie nutzt Wahrscheinlichkeiten, um die Qualität eines Produkts durch die Prüfung weniger Stichproben zu ermitteln. Die Chancen stehen gut, dass von den Stichproben auf den Rest der Menge geschlossen werden kann.

Die Berechnung der Wahrscheinlichkeiten aus mathematischer Sicht begann erst relativ spät – im 17. Jahrhundert. Erst 1814 formalisierte Laplace die Wahrscheinlichkeit als Anzahl der günstigen Fälle dividiert durch die Anzahl der möglichen Fälle (mehr als 2.000 Jahre nachdem Archimedes die Formel für das Volumen einer Kugel entdeckt hatte, die weit weniger intuitiv ist). Man war einfach der Ansicht, dass vom Glück abhängige Ergebnisse unvorhersehbar sind, dass es keine Regeln dafür gibt und sie daher vom Menschen nicht verstanden werden können. Man glaubte außerdem daran, dass der Zufall das Werk der Götter war, gewissermaßen eine magische Eigenschaft des göttlichen Plans. Gottesfürchtige Mathematiker sahen seine Untersuchung als gefährliches Terrain an.

Eines der Werke, das als bahnbrechende Studie über die Gesetze des Zufalls gilt, wurde von Galileo um 1620 im Auftrag eines Adligen erstellt. Ziel der Arbeit war es, die wahrscheinlichste Summe zu finden, die sich aus dem Wurf von drei

Würfeln ergibt. Es wurde angenommen, dass die Werte 10 und 11 die wahrscheinlichsten waren, aber niemand war sich ganz sicher, deshalb wandte man sich an einen der größten wissenschaftlichen Köpfe aller Zeiten.

Galileo-Porträt von Tintoretto. Der italienische Gelehrte führte eine der ersten Studien zur Berechnung von Wahrscheinlichkeiten durch.

Galileo schrieb einen vierseitigen Bericht über seine Schlussfolgerungen und wie er zu diesen gekommen war. Er wendete die folgende Begründung an:

1. Ein Würfel hat sechs Seiten. Aufgrund seiner Symmetrie können wir annehmen, dass die Wahrscheinlichkeit, geworfen zu werden, für alle sechs gleich ist. Daher ist die Wahrscheinlichkeit, dass ein bestimmter Wert auftritt, 1 zu 6.

2. Für jedes der sechs möglichen Ergebnisse für den ersten Würfel erhalten wir weitere sechs, wenn wir den zweiten werfen. Insgesamt gibt es 36 mögliche Ergebnisse, wie in der folgenden Tabelle dargestellt, wobei D1 den Wurf des ersten Würfels darstellt, D2 den des zweiten.

D1	D2	D1	D2	D1	D2	D1	D2	D1	D2	D1	D2
1	1	2	1	3	1	4	1	5	1	6	1
1	2	2	2	3	2	4	2	5	2	6	2
1	3	2	3	3	3	4	3	5	3	6	3
1	4	2	4	3	4	4	4	5	4	6	4
1	5	2	5	3	5	4	5	5	5	6	5
1	6	2	6	3	6	4	6	5	6	6	6

Alle Doubletten haben die gleiche Wahrscheinlichkeit, aber nicht alle Werte der Summe erscheinen mit der gleichen Häufigkeit. Es gibt nur eine Möglichkeit aus 36, dass sich eine Summe von 2 ergibt (Wurf 1 und 1), und es gibt auch nur eine Möglichkeit für die Summe 12 (6 und 6). Es gibt jedoch sechs Möglichkeiten aus 36 (mit anderen Worten, 1 von 6), die die Summe 7 ergeben, das wahrscheinlichste Ergebnis.

3. Werden anstelle von zwei Würfeln drei Würfel geworfen, bleibt die Argumentation die gleiche. Für jedes der 36 möglichen Ergebnisse des Würfelns mit zwei Würfeln gibt es wiederum sechs Möglichkeiten für den dritten, daher ist die Anzahl der möglichen Ergebnisse 6 · 6 · 6 = 216.

Das folgende Diagramm zeigt die Häufigkeiten, mit denen jede der möglichen Summen erscheint. Die Wahrscheinlichkeit, dass eine 10 oder 11 geworfen wird ist die gleiche: 27/216 = 0,125, während die Wahrscheinlichkeit, dass eine 9 oder 12 kommt, etwas geringer ist: 25/216 = 0,116.

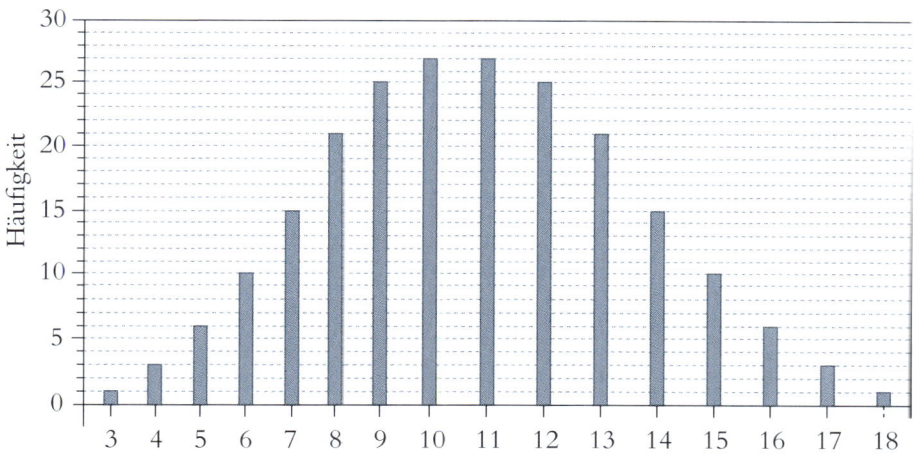

Summe der Ergebnisse beim Würfeln mit drei Würfeln

Die Spieler haben also ein überraschend gutes Gespür gehabt, als sie zu bemerken glaubten, dass die Werte 10 und 11 die gleiche Wahrscheinlichkeit hatten und dass diese sogar etwas höher ist als die für die Werte 9 und 12.

Berechnung von Wahrscheinlichkeiten und Statistiken

Die Statistik war einst eine Disziplin, die sich der Sammlung und Beschreibung von interessanten demografischen Daten verschrieben hatte. Im 19. Jahrhundert eröffnete die Einbeziehung der Berechnung von Wahrscheinlichkeiten ein neues, viel breiteres Spektrum an Anwendungen. Bald begannen Versicherungsgesellschaften, Sterblichkeitsstatistiken und die Wahrscheinlichkeitstheorie zu verwenden, um die Lebenserwartung zu schätzen und ihre Versicherungsprämien entsprechend anzupassen.

Ebenso werden bei der Durchführung von Wahlumfragen Wahrscheinlichkeiten verwendet, um die Antworten auf die Umfragen in eine Prognose für das eigentliche Wahlergebnis umzuwandeln – und um zu bewerten, wie viel Vertrauen wir in diese Vorhersage haben können. Ebenso werden bei der Bewertung der Wirksamkeit eines neuen Medikaments durch die Untersuchung seiner Auswirkungen auf eine Patientenstichprobe mit Hilfe statistischer Methoden Schlussfolgerungen gezogen, die sich darauf stützen, wie wahrscheinlich Nebenwirkungen sein werden.

Aber Sie müssen kein Experte sein oder komplizierte Wahrscheinlichkeitsberechnungsprobleme lösen können, um die gängigsten statistischen Methoden zu verstehen und anzuwenden. Außerdem sollte Statistik nicht auf Casinos und Glücksspiele reduziert werden.

GLÜCKSSPIEL UND DIE ERSTEN BERECHNUNGEN VON WAHRSCHEINLICHKEITEN

Die Berechnung von Wahrscheinlichkeiten ist nicht nur deshalb so ungewöhnlich, weil es so lange gedauert hat, bis sich Mathematiker damit befasst haben, sondern auch wegen der Ereignisse, die zur Entstehung dieser Disziplin führten. Wenn wir die Fortschritte in der Wissenschaft betrachten, finden wir selbstlose Geister, die ihr Leben geopfert haben, um zu verstehen, wie die Welt funktioniert oder um die Gesundheit und das Wohlbefinden der Menschheit zu verbessern. Die Berechnung der Wahrscheinlichkeiten ergab sich jedoch aus dem Interesse von Freizeitmenschen, die daran interessiert waren, die besten Strategien für den Gewinn beim Glücksspiel zu entwickeln, was offensichtlich viel ihrer Zeit in Anspruch nahm.

Eine der ersten Diskussionen über die Berechnung von Wahrscheinlichkeiten in mathematischer Hinsicht findet sich in der Korrespondenz zwischen Pierre Fermat und Blaise Pascal im Jahr 1654 über ein Problem, das von einem Philosophen und Spieler aus der gleichen Zeit stammt, bekannt als der Chevalier de Méré. Das Problem war, den fairsten Weg zu finden, die Summe einer Wette zu verteilen, wenn das Spiel vor seinem Ende unterbrochen werden musste, beispielsweise wenn die Wette als gewonnen gilt, wenn jemand drei Spiele gewinnt, aber das Spiel beim Stand von 2:1 endet.

Pierre de Fermat, 1601–1665.   *Blaise Pascal, 1623–1662.*

Auf den Umschlägen von Statistikbüchern sehen wir manchmal Roulettes, Würfel und Kartenspiele, nicht aber Wälder, Situationen aus dem Krankenhaus, Kinder, Schulen und Produktionslinien, wo die Anwendung von Statistiken viel nützlicher und interessanter ist.

Eine Option wäre, dass derjenige, der gewinnt, alles bekommt; eine andere wäre, die Summe gleichmäßig zu verteilen, aber sowohl Fermat als auch Pascal waren sich einig, dass in einem solchen Fall die vernünftigste Lösung darin besteht, dass der Spieler, der zwei Spiele gewonnen hat, drei Viertel erhält. Wenn die Spieler A und B spielen und Spieler A zwei Spiele gewonnen hat, lautet die Begründung wie folgt. Nehmen wir an, sie spielen weiter und die Wahrscheinlichkeit, ein Spiel zu gewinnen, beträgt 50 %, für beide Spieler gleich. Das Spiel würde auf eine der folgenden Arten enden:

1. Das nächste Spiel wird von A gewonnen. Da es jetzt –3:1 stünde, würde das Spiel enden, A gewinnt und erhält das ganze Geld. Die Wahrscheinlichkeit, dass dieser Fall eintritt, beträgt 0,5.

2. Das nächste Spiel wird von B gewonnen, es steht –2:2 und sie spielen weiter. Anschließend gewinnt A, es steht 3:2 für A und das Spiel endet. Die Wahrscheinlichkeit dieses Ergebnisses ist 0,5 · 0,5 = 0,25 (B gewinnt und A gewinnt).

3. Das nächste Spiel wird von B gewonnen und anschließend gewinnt wieder B. Das Spiel endet 2:3 und B gewinnt das Spiel. Die Wahrscheinlichkeit dieses Ergebnisses ist ebenfalls 0,5 · 0,5 = 0,25.

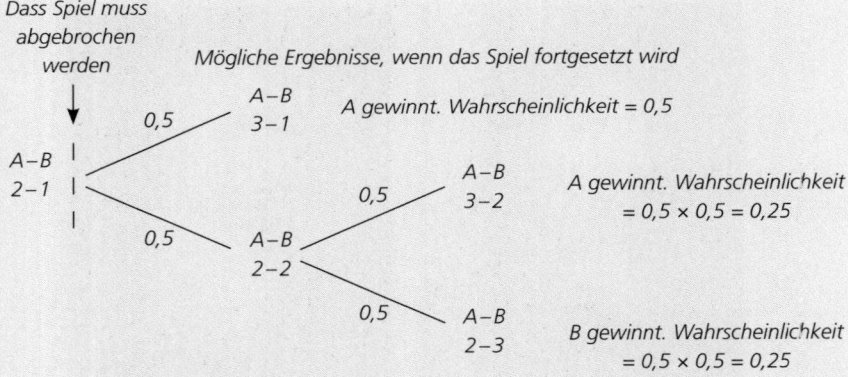

Zusammenfassend lässt sich sagen: Wenn die Spieler weiterspielen, beträgt die Wahrscheinlichkeit, dass A gewinnt, 0,75 (0,5 + 0,25), während die Wahrscheinlichkeit, dass B gewinnt, 0,25 beträgt. A würde drei von vier Mal gewinnen; daher ist es für A sinnvoll, drei Viertel der Wettsumme zu erhalten.

Wahrscheinlichkeit und ihre Gesetze

Nach den Ideen in den Texten von Galileo ist die Wahrscheinlichkeit, dass wenn ein Test n mögliche Ergebnisse hat, die alle gleich wahrscheinlich sind und das Ereignis A in k der möglichen Ergebnisse erscheint, sich die Wahrscheinlichkeit des Auftretens von A ergibt als:

$$P(A) = \frac{k}{n}.$$

Mit anderen Worten:

$$\text{Wahrscheinlichkeit des Auftretens eines Ereignisses} = \frac{\text{Günstige Ergebnisse}}{\text{Mögliche Ergebnisse}}$$

Befinden sich beispielsweise fünf Kugeln in einem Beutel, von denen drei blau und zwei schwarz sind, und es wird eine Kugel zufällig gezogen, beträgt die Wahrscheinlichkeit, dass dies eine blaue Kugel ist, 3/5. So einfach ist das.

In einigen Fällen kann die theoretische Wahrscheinlichkeit definiert werden, indem man sich auf die Symmetrie des Objekts konzentriert, das die Ergebnisse erzeugt (wie bei Würfeln und beim Werfen von Münzen). Ein weiterer Ansatz besteht darin, die Wahrscheinlichkeit als Anteil der Häufigkeiten, in denen das Ereignis eintritt, durch eine unbegrenzte Erhöhung der Anzahl von Versuchen zu betrachten. Um die Wahrscheinlichkeit von „Kopf" beim Werfen einer Münze zu kennen, muss sie also oft geworfen werden, wobei die Anzahl des Ergebnisses „Kopf" festgehalten wird. Genauso verhält es sich beim Würfeln. Wenn wir sagen, dass die Wahrscheinlichkeit eines bestimmten Wertes 1/6 beträgt, beziehen wir uns auf einen perfekten Würfel. Aber vielleicht haben wir keinen perfekten Würfel. Es gibt nur einen Weg, das herauszufinden.

Einige Forscher haben sehr oft Münzen und Würfel geworfen und die Ergebnisse notiert. Einer von ihnen war der englische Mathematiker John Kerrich, der während des Zweiten Weltkriegs in Dänemark inhaftiert war. Während er im Gefängnis saß, warf er 10.000 Mal eine Münze: 5.067 Mal „Kopf", 4.933 Mal „Zahl".

Der Anteil von „Kopf" schwankte, wie in der folgenden Abbildung dargestellt. Dies sind nicht die Ergebnisse von Kerrich, sondern eine Simulation. Mit zunehmender Anzahl der Würfe werden die Schwankungen gedämpft und man kann vertretbar davon ausgehen, dass das Verhältnis einen konstanten Wert hat, wenn die Würfe unbegrenzt fortgesetzt werden. Dieser Wert ist die Wahrscheinlichkeit, mit dieser Münze „Zahl" zu erhalten.

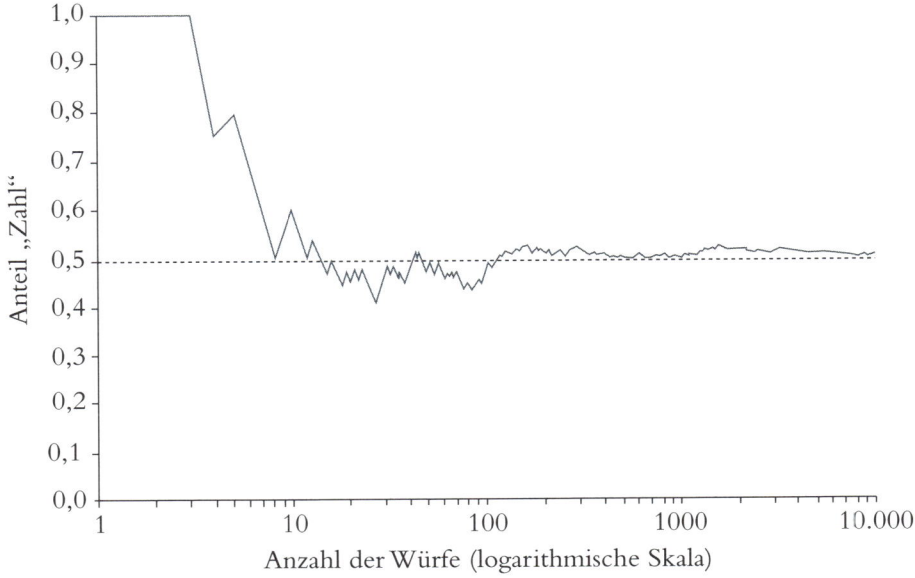

*Der Anteil von „Kopf", wenn eine Münze 10.000 Mal geworfen wird
(ermittelt unter Verwendung einer Simulation).*

Andere Forscher, die ähnliche Studien durchgeführt haben, sind der Comte de Buffon, ein französischer Wissenschaftler des 18. Jahrhunderts, der 2.048 Mal „Kopf" für eine Münze erhielt, die 4.000 Mal geworfen wurde. Erwähnt sei auch Karl Pearson, einer der Väter der modernen Statistik, der eine Münze 24.000 Mal warf (er selber oder vielleicht auch einer seiner Assistenten) und 12.012 Mal „Kopf" erhielt.

Die berühmtesten Ergebnisse beim Würfeln wurden von dem Schweizer Astronomen Rudolf Wolf erzielt, als er zwei Würfel nicht weniger als 20.000-mal warf, einen roten und einen weißen. Die Ergebnisse dieses Tests sind in der Tabelle auf der nächsten Seite gezeigt.

*Im 18. Jahrhundert führte der
Comte de Buffon mehrere Studien zur
Wahrscheinlichkeit durch. Dieses Porträt
stammt von François-Hubert Drouais.*

		Weißer Würfel						Gesamt	Anteil
		1	2	3	4	5	6		
Roter Würfel	1	547	587	500	462	621	690	3 407	0,170
	2	609	655	497	535	651	684	3 631	0,182
	3	514	540	468	438	587	629	3 176	0,159
	4	462	507	414	413	509	611	2 916	0,146
	5	551	562	499	506	658	672	3 448	0,172
	6	563	598	519	487	609	646	3 422	0,171
Gesamt		3 246	3 449	2 897	2 341	3 635	3 932	20 000	1,000
Anteil		0,162	0,172	0,145	0,142	0,182	0,197	1,000	

Die mit den Münzen erzielten Ergebnisse gehen von der Annahme aus, dass sie gut ausbalanciert sind (die Wahrscheinlichkeit von „Kopf" beträgt 0,5). Beim Würfeln liegen die Wahrscheinlichkeiten relativ weit von ihren theoretischen Werten entfernt. Sowohl der weiße als auch der rote Würfel scheinen ein Defizit für die Werte 3 und 4 aufzuweisen. Betrachten wir die Ergebnisse in einer Tabelle, um das deutlicher zu erkennen (R = roter Würfel, W = weißer Würfel). In Kapitel 3 sprechen wir über das Testen von Hypothesen mit statistischen Mitteln und diskutieren, ob es sinnvoll ist, den Fall zu berücksichtigen, dass die Würfel nicht ausgeglichen sind.

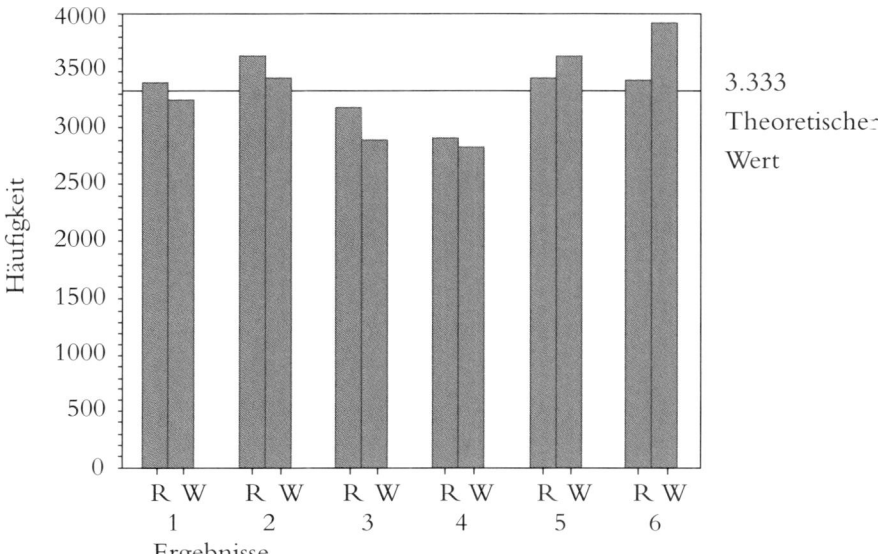

Ergebnisse, wenn ein roter Würfel (R) und ein weißer Würfel (W) 20.000 Mal geworfen werden.

Die „Oder"-Regel

Die Wahrscheinlichkeit, dass das Ereignis A „oder" ein anderes Ereignis B eintritt, wenn sie nicht beide gleichzeitig eintreten können, ist die Summe jeder ihrer Wahrscheinlichkeiten. Bei einem Deck von 52 Pokerkarten (ohne Joker) ist die Wahrscheinlichkeit, bei einer zufälligen Auswahl ein Ass oder eine Bildkarte zu wählen:

Wahrscheinlichkeit für ein Ass: $P(A) = \dfrac{4}{52}$ (günstige Fälle/mögliche Fälle);

Wahrscheinlichkeit für eine Bildkarte: $P(B) = \dfrac{12}{52}$.

Wahrscheinlichkeit für ein Ass oder eine Bildkarte:
$$P(A \text{ oder } B) = P(A) + P(B) = \frac{4}{52} + \frac{12}{52} = \frac{16}{52}.$$

Die „Und"-Regel

Die Wahrscheinlichkeit, dass das Ereignis A „und" ein anderes Ereignis B eintreten, wenn sie unabhängig sind, d. h. wenn das Auftreten des einen die Wahrscheinlichkeit des anderen nicht beeinflusst, entspricht dem Produkt ihrer Wahrscheinlichkeiten. Wirft man beispielsweise einen Würfel zweimal, ist die Wahrscheinlichkeit, eine 3 und dann eine 4 zu erhalten:

Wahrscheinlichkeit für eine 3: $P(A) = \dfrac{1}{6}$ (günstige Fälle/mögliche Fälle);

Wahrscheinlichkeit für eine 4: $P(B) = \dfrac{1}{6}$.

Wahrscheinlichkeit für eine 3 gefolgt von einer 4: $P(A \text{ und } B) = \dfrac{1}{6} \times \dfrac{1}{6} = \dfrac{1}{36}$.

Fälle zählen

Die Zählung der günstigen Fälle oder der möglichen Fälle kann der aufwendigste Teil der Arbeit sein, obwohl in einigen Situationen die Zählung durch einfache Begründung oder durch Bezugnahme auf ähnliche Situationen erfolgen kann. Wenn man beispielsweise von A nach C gelangen will, dabei durch B gehen muss und es drei Routen gibt, um von A nach B zu gelangen und zwei, um von B nach C zu gelangen, wie viele Möglichkeiten haben wir, von A nach C zu kommen? Für jede der drei Optionen, die es gibt, um nach B zu gelangen, existieren je zwei, um von

B nach C zu gelangen, also gibt es insgesamt sechs verschiedene Möglichkeiten, von A nach C zu gelangen.

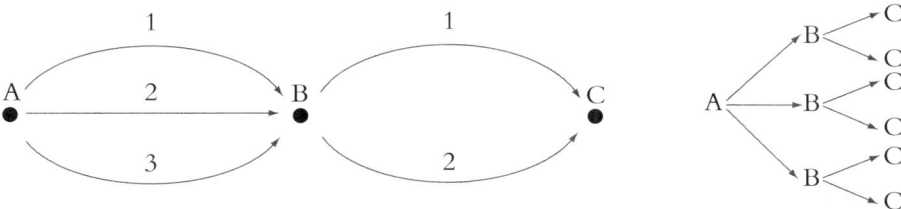

Betrachten wir einen weiteren Fall, der komplizierter erscheint. Bei der Fußball-wette gibt es für jedes Spiel drei Möglichkeiten: Heimsieg (1), Unentschieden (X) oder Auswärtssieg (2). Wie hoch ist die Wahrscheinlichkeit, eine Wette mit 14 Spielen zu gewinnen?

Es ist klar, dass es nur einen günstigen Fall gibt: Es gibt nur eine Gewinnkombi-nation. Die möglichen Fälle scheinen schwieriger zu zählen, aber wir können das-selbe Konzept anwenden, das wir beim Zählen der Routen verwendet haben, um von A nach C zu gelangen: Das erste Spiel hat drei mögliche Ergebnisse, für jedes Ergebnis des ersten Spiels gibt es drei Optionen für das zweite Spiel; mit anderen Worten, wenn es nur zwei Spiele gäbe, wären die Möglichkeiten $3 \cdot 3 = 3^2$. Setzen wir diese Vorgehensweise fort, gelangen wir zu dem Schluss, dass es für 14 Spiele 3^{14} mögliche Fälle gibt. So ist die Wahrscheinlichkeit, 14 Richtige zu erzielen, wenn die Wettscheine nach dem Zufallsprinzip ausgefüllt werden, $1/3^{14}$, also etwa 1 zu 4,8 Millionen.

Kombinatorische Formeln sind in diesen Fällen ebenfalls sehr nützlich; wir wer-den einige im Zusammenhang mit den später aufgeworfenen Problemen betrachten.

Regeln anwenden

Nachfolgend wenden wir die oben genannten Regeln auf ein Beispiel an. Wir berechnen die Wahrscheinlichkei, dreimal „Kopf" und zweimal „Zahl" in beliebiger Reihenfolge zu erhalten, wenn wir eine Münze fünfmal werfen. Wie Sie bald sehen werden, ist diese Aufgabe aufwendiger, als es auf den ersten Blick erscheinen mag. Sehen wir genauer hin:

1. Die Wahrscheinlichkeit, „Kopf" zu bekommen, ist 0,5, ebenso wie für „Zahl".
2. Die Wahrscheinlichkeit, zweimal „Kopf" bei zwei Würfen zu bekommen, beträgt $0,5 \cdot 0,5 = 0,25$. Wir haben die „Und"-Regel angewendet, weil

die Ergebnisse unabhängig sind, d. h. wenn zuerst „Kopf" erscheint, erhöht oder verringert dies nicht die Wahrscheinlichkeit, dass als zweites wieder „Kopf" erscheint.

FRANCIS GALTON UND DAS QUINCUNX

Francis Galton (1822-1911) war ein Wissenschaftler mit breitem Interessensspektrum, von der Anthropologie bis hin zu Wirtschaft, Philosophie, Meteorologie und Statistik. Er war der Cousin von Charles Darwin und verfügte über ein komfortables Privateinkommen, das es ihm erlaubte, seine Zeit Dingen zu widmen, die ihn interessierten. Dazu gehörten vor allem auch Reisen. Obwohl er Medizin studiert hatte, arbeitete er kaum in diesem Beruf, und sobald er das Erbe seiner Familie angetreten hatte, machte er sich auf den Weg, die Welt zu erkunden. Unter anderem verbrachte er zwei Jahre in Afrika und erhielt von der Royal Geographical Society eine Goldmedaille als Anerkennung für seine dortigen Studien.

Zu seinen Arbeiten gehören eine detaillierte Analyse von Fingerabdrücken, die er zur Identifizierung von Straftätern empfahl. Außerdem beschäftigte er sich mit Vererbung und der Übertragung von Merkmalen, wobei er beobachtete, dass Kinder großer Eltern auch tendenziell groß sind, aber nicht so groß wie ihre Eltern. Das Gleiche stellte er für die Kinder kleinerer Eltern fest, die dazu neigen, klein zu sein, aber nicht so klein wie ihre Eltern. Die Kinder kehrten also gewissermaßen in Richtung des Bevölkerungsdurchschnitts zurück. Galton bezeichnete dies als „Regression" in Richtung Mittelwert und prägte damit einen neuen Begriff, der heute eines der Schlüsselwörter in der Statistik ist.

Um zu veranschaulichen, wie die Variabilität aufgrund zufälliger Ursachen aussieht, erfand er eine Vorrichtung namens „Quincunx", auch als Galtonsches Zufallsbrett bezeichnet, bei der Kugeln ein Feld mit Nägeln durchlaufen, die so an dem Brett befestigt sind, dass die Kugeln sie treffen und zufällig nach rechts oder links gelenkt werden. Nach dieser Verzweigung fallen die Kugeln in Kanäle und man erkennt, dass die entstehende Anordnung einer Gaußschen Glocke entspricht. Das Galtonsche Zufallsbrett wird heute noch in Schulen zur Veranschaulichung der Normalverteilung verwendet, es gibt mittlerweile aber auch Online-Simulatoren.

3. Die Wahrscheinlichkeit, „Kopf" und „Kopf" und „Kopf" und „Zahl" und „Zahl" in fünf Würfen zu erhalten, beträgt: $0,5 \cdot 0,5 \cdot 0,5 \cdot 0,5 \cdot 0,5 = 0,5^3 \cdot 0,5^2 = 0,03125$. (Wir hätten natürlich auch $0,5^5$ schreiben können, aber damit wir das Ganze auf nachfolgende Fälle anwenden können, war es sinnvoll, die Wahrscheinlichkeiten von „Kopf" und „Zahl" auch hier aufzusplitten.)

Wir haben also die Wahrscheinlichkeit berechnet, zuerst dreimal „Kopf" (H) und dann zweimal „Zahl" (T) in dieser Reihenfolge zu erhalten: H H H T T. Wir wollen die Wahrscheinlichkeit berechnen, dreimal „Kopf" und zweimal „Zahl" in beliebiger Reihenfolge zu erhalten, d. h. H H H T T oder T T H H H oder H T H T H usw.

Reihenfolge	Wahrscheinlichkeit
H H H T T	$0,5^3 \cdot 0,5^2$
H H T H T	$0,5^3 \cdot 0,5^2$
H T H H T	$0,5^3 \cdot 0,5^2$
...	...
...	...
T T H H H	$0,5^3 \cdot 0,5^2$

Die Wahrscheinlichkeit, nach der wir suchen, ist die Summe der Wahrscheinlichkeiten der einzelnen möglichen Reihenfolgen. Wir können Würfe hinzufügen, indem wir die „Oder"-Regel anwenden, weil die Ereignisse inkompatibel sind (zwei verschiedene Reihenfolgen können nicht gleichzeitig auftreten). Und da die Wahrscheinlichkeiten für alle Reihenfolgen gleich sind, können wir auch die Wahrscheinlichkeit, eine bestimmte Reihenfolge zu erhalten, mit der Anzahl der möglichen Reihenfolgen multiplizieren. (Damit gelangen wir in den Bereich der Kombinatorik.) Wenn wir n Objekte haben, können diese auf $n!$ verschiedene Arten sortiert werden, wobei „!" die Fakultät angibt (das Produkt aus allen positiven ganzen Zahlen kleiner oder gleich n). Wenn wir zum Beispiel fünf Bücher und fünf Plätze haben, um sie in der Bibliothek anzuordnen, könnte das erste an einem der fünf Plätze abgestellt werden, für das zweite können wir nur noch aus vier Plätzen wählen, aus drei Plätzen für das dritte Buch, aus zwei Plätzen für das vierte Buch. Für das fünfte Buch gibt es nur noch einen Platz. Die Möglichkeiten sind also: $5 \cdot 4 \cdot 3 \cdot 2 \cdot 1 = 120$. In unserem Beispiel haben wir auch fünf „Objekte", aber sie sind nicht alle unterschiedlich. Wir haben einmal drei gleiche und einmal zwei gleiche, sodass die Permutationen zwischen diesen gleichen Objekten nicht berücksichtigt werden müssen und wir durch 3! und 2! dividieren. Die Anzahl der Kombinationen, die aus dreimal „Kopf" und zweimal „Zahl" gebildet werden können, ergibt sich als:

$$\frac{5!}{3! \times 2!} = 10.$$

Damit haben wir alles, um die gesuchte Wahrscheinlichkeit zu berechnen:

$$\frac{5!}{3! \times 2!} 0,5^3 \times 0,5^2 = 0,312$$

Und was nützt es, die Wahrscheinlichkeit zu kennen, dreimal „Kopf" zu erhalten, wenn man eine Münze fünfmal wirft? Es hat zugegebenermaßen wenig Nutzen, aber nachfolgend werden Sie erfahren, dass das von uns verwendete Verfahren für andere Bereiche, die hoffentlich von mehr Interesse sind, verallgemeinert werden kann.

Wahrscheinlichkeit und ihre Familien

Am 29. April 2004 schickte ein Leser die folgende Frage an eine Computer-Hilfekolumne einer bekannten Zeitung: „Ich habe eine Excel-Tabelle verwendet, um Zufallszahlen mit der Funktion ‚= ZUFALLSZAHL()' zu berechnen, aber sie erzeugt immer kleine, nahe Null liegende Ergebnisse und ich möchte ein System für die Lotterie entwickeln, wo es um 6 Zahlen unter 50 geht."

Dieser Leser war offenbar der Meinung, dass wenn ein Wert vom Zufall abhängt (also zufällig ist), er nicht an irgendwelche Regeln gebunden ist und einfach ausgegeben wird, aber das ist nicht der Fall. Es gibt verschiedene Arten von Zufalls-variablen. Die erste Gegensätzlichkeit, auf die wir hinweisen wollen, besteht zwischen stetigen Variablen (die auf einer fortlaufenden Skala gemessen werden) wie Gewicht, Länge, Dichte usw. und diskreten Variablen (mit separaten Werten), wie beispiels-weise der Anzahl der fehlerhaften Teile in einer Charge oder der Anzahl der Autos, die pro Minute an einer Tankstelle ankommen. Tatsächlich haben wir einen ganzen Katalog von Wahrscheinlichkeitsverteilungen zur Verfügung. Wenn wir mit einer zufälligen Variable konfrontiert werden, überprüfen wir als erstes, ob sie in eine der beschriebenen Verteilungen passt. Normalerweise passt sie, sodass es nicht notwendig ist, Formeln zur Berechnung der Wahrscheinlichkeiten, ihres Mittelwerts oder anderer Merkmale abzuleiten Jemand hat es bereits vor uns getan und diese Informationen stehen uns zur Verfügung.

Zuerst erscheint es vielleicht schwierig, die verschiedenen Arten von Zufallsvariablen zu unterscheiden, so wie jemand, der ein bestimmtes Musikgenre nicht kennt, es schwierig findet, die verschiedenen Stücke zu identifizieren, obwohl sie mit ein wenig Übung ganz einfach voneinander unterschieden werden können. Im Folgenden werden einige Merkmale und Anwendungen der drei Wahrscheinlichkeitsverteilungen analysiert, zweifellos die bekanntesten Beispiele. Zuerst betrachten wir zwei diskrete Fälle, dann einen stetigen.

Was wir alle schon gesehen haben: Binomialverteilung

Unter Anwendung der allgemeinen Regeln für die Berechnung von Wahrscheinlichkeiten haben wir den folgenden Ausdruck verwendet, um die Wahrscheinlichkeit zu bestimmen, dreimal „Kopf" und zweimal „Zahl" (in beliebiger Reihenfolge) zu erhalten, wenn wir eine Münze fünfmal werfen:

$$\frac{5!}{3! \times 2!} 0{,}5^3 \times 0{,}5^2.$$

Im Allgemeinen ist die Anzahl der Erfolge bei der Durchführung von n Versuchen, bei denen die Erfolgswahrscheinlichkeit p konstant ist, eine zufällige Variable, die einer sehr bekannten Wahrscheinlichkeitsverteilung folgt, die als „binomial" bezeichnet wird. Wir müssen keine neuen Formeln zur Berechnung von Wahrscheinlichkeiten ableiten, wenn wir einen Fall haben, der diesem Szenario entspricht.

EINE SEHR PRAKTISCHE FORMEL

Wenn wir versuchen, die Wahrscheinlichkeit zu berechnen, x-mal „Kopf" mit n Würfen zu erhalten, und p die Wahrscheinlichkeit ist, „Kopf" zu erhalten, $p - 1$, „Zahl" zu erhalten, lautet die Formel:

$$\frac{n!}{x!(n-x)!}p^x(1-p)^{n-x}.$$

Interessanterweise gilt diese Formel nicht nur für das Problem des Münzwurfs, sondern kann auch für jede Aufgabenstellung verallgemeinert werden, die sich in die folgende Tabelle einordnen lässt:

Münzen werfen	Verallgemeinerung
n *Münzen werfen.*	n *Versuche machen.*
Es kann „Kopf" oder „Zahl" erscheinen.	*Jeder Versuch hat zwei mögliche Ergebnisse, die wir als „Erfolg" und „Misserfolg" bezeichnen.*
Die Wahrscheinlichkeiten von „Kopf" (p) und „Zahl" (1 – p) sind für alle Würfe konstant.	*Die Wahrscheinlichkeiten für „Erfolg" (p) und „Misserfolg" (1-p) sind in allen Versuchen konstant.*
Es soll die Wahrscheinlichkeit berechnet werden, x mal „Kopf" bei n Würfen zu erhalten.	*Es soll die Wahrscheinlichkeit berechnet werden, x „Erfolge" in n Versuchen zu erhalten.*

Betrachten wir diese drei Aufgabenstellungen genauer:

1. Eine Fertigungslinie produziert 1 % fehlerhafte Teile. Wenn die Teile in Boxen mit je 50 Stück sortiert werden, wie hoch ist die Wahrscheinlichkeit, dass eine Box zwei defekte Teile enthält?

2. Ein professioneller Basketballspieler hat eine Erfolgsrate von 75 % bei Freiwürfen. Wie hoch ist die Wahrscheinlichkeit, acht Bälle ins Netz zu bekommen, wenn er zehnmal wirft?

3. Wenn ein Paar vier Kinder hat, wie hoch ist die Wahrscheinlichkeit, dass es zwei Jungen und zwei Mädchen sind?

Was haben diese Aufgabenstellungen gemeinsam? Alle drei passen in das oben beschriebene Szenario, deshalb sind sie sehr einfach zu lösen.

Aufgabe	Anzahl der Versuche	Erfolgswahr-scheinlichkeit	Anzahl der „Erfolge" x	Lösungen
Defekte Teile	50	0,01	2	$\frac{50!}{2! \times 48!} 0,01^2 \times 0,99^{48} = 0,076$
Basketball	10	0,75	8	$\frac{10!}{8! \times 2!} 0,75^8 \times 0,25^2 = 0,282$
Kinder	4	0,5	2	$\frac{4!}{2! \times 2!} 0,5^2 \times 0,5^2 = 0,375$ *

Die Berechnungen können in einer Tabellenkalkulation durchgeführt werden. In Excel sieht das wie folgt aus:

Der letzte Wert hinter der Erfolgswahrscheinlichkeit gibt an, ob wir nur die Wahrscheinlichkeit für die Anzahl der angegebenen „Erfolge" berechnen wollen (z. B. im ersten Szenario, genau zwei Defekte zu erhalten). Dafür geben wir 0 an; interessiert uns die kumulierte Wahrscheinlichkeit bis zu diesem Wert (zwei Defekte oder weniger), dann geben wir 1 an.

Im Falle des Basketballspielers müssen wir davon ausgehen, dass die Wahrscheinlichkeit, ein Tor zu erzielen, konstant ist, d. h. nicht vom Geschrei des Publikums, den Nerven des Spielers oder dem Spielstand abhängt (ein guter Spieler darf natürlich gegenüber solchen Dingen nicht empfindlich sein). Was die Söhne und Töchter betrifft, denken wahrscheinlich viele, es sei am wahrscheinlichsten, dass zwei davon Jungen und zwei Mädchen sind, wenn sie vier Kinder haben, aber die Wahrscheinlichkeit, dass dies geschieht, beträgt nur 38 %. Am wahrscheinlichsten ist jede andere Kombination.

Vom Tod durch Pferdetritt in der preußischen Armee bis zu Toren in der Bundesliga: die Poisson-Verteilung

Wenn eine Variable zum Binomialmodell passt, kann die Anzahl der Vorkommnisse und Nichtvorkommnisse gezählt werden (die Anzahl der korrekten und defekten Teile) und es gibt auch eine maximale Anzahl an Vorkommnissen. Zum Beispiel ist die maximale Anzahl der korrekten Teile die Summe aller Teile.

Manchmal werden wir mit Variablen konfrontiert, die die Anzahl der Ereignisse darstellen, die pro Zeiteinheit oder im Raum auftreten, sodass ihr Nichteintreten nicht gezählt werden kann und es keine Begrenzung gibt, zumindest aus theoretischer Sicht. Typische Beispiele für diese Art von Variablen sind: die Anzahl der täglichen Besuche auf einer Website, die Anzahl der Ausfälle eines Aufzugs pro Jahr, die Anzahl der Anrufe, die während der Mittagspause an die Telefonzentrale weitergeleitet

Siméon Poisson, französischer Mathematiker aus dem 19. Jahrhundert.

werden oder die Anzahl der E-Mails, die Sie täglich erhalten. Vorkommnisse im Raum könnten beispielsweise die Anzahl der Roststellen pro Meter Stahlseil, die Anzahl der Fehler pro Quadratmeter (oder pro 10 m²) Stoff oder die Anzahl der Rosinen in einem Löffel Müsli sein.

1837 suchte der französische Mathematiker Siméon Poisson nach einer Möglichkeit, die Formel für die Binomialverteilung zu modifizieren, um sie an solche Situationen anzupassen – und fand einen überraschenden Ausdruck, für den man nur die durchschnittliche Anzahl der Vorkommnisse (λ) kennen muss, um die Wahrscheinlichkeit zu berechnen, dass eine bestimmte Anzahl von ihnen auftreten. Die Formel für die Wahrscheinlichkeit von x Vorkommnissen lautet:

$$P(x) = e^{-\lambda} \frac{\lambda^x}{x!}.$$

Fällt also ein Aufzug durchschnittlich zweimal pro Jahr aus ($\lambda = 2$), ist die Wahrscheinlichkeit, dass er während des Jahres nicht ausfällt:

$$P(x = 0) = e^{-2} \frac{2^0}{0!} = 0{,}14.$$

Hat eine Website pro Tag durchschnittlich 100 Besucher (angenommen, dies gilt für jeden Wochentag, wobei wir jedoch in der Realität zwischen Werktagen und Feiertagen unterscheiden müssten), ist die Wahrscheinlichkeit, weniger als 80 Besuche an einem Tag zu erhalten:

$$P(x < 80) = \sum_{i=0}^{79} e^{-100} \frac{100^i}{i!}.$$

Dies ist nicht ganz einfach zu berechnen, aber dafür gibt es Tabellenkalkulationen:

A1	▼	⋮	✕	✓	f_x	=POISSON(79;100;1)

	A	B	C	D	E
1	0,01745132				

Der russische Ökonom und Statistiker Ladislaus Bortkiewicz veröffentlichte 1898 ein Buch, in dem er darlegte, dass die Poisson-Verteilung genutzt werden kann, um die statistische Regelmäßigkeit zu erklären, die beim Auftreten ungewöhnlicher Ereignisse zu beobachten ist. Er verwendete Daten über Selbstmorde und Unfalltode unter verschiedenen Umständen, aber sein berühmtestes Beispiel ist die Zahl der Soldaten, die in den 14 preußischen Armeekorps über einen Zeitraum von 20 Jahren (1875–1894) durch Pferdetritte getötet wurden. In der folgenden Tabelle resultiert die Häufigkeit aus der Anzahl der Armeekorps multipliziert mit der Anzahl der Jahre, in denen die angegebene Zahl der Todesfälle aufgetreten ist (insgesamt 14 · 20). Die durchschnittliche Anzahl der Todesfälle pro Armeekorps und Jahr beträgt $(91 + 2 \cdot 32 + 3 \cdot 11 + 4 \cdot 2)/280$. Wenn

Ladislaus Bortkiewicz, ein russischer Statistiker, der die Verwendung der Poisson-Verteilung optimiert hat.

wir diesen Wert in unsere Formel einsetzen, erhalten wir die in der folgenden Tabelle angegebenen theoretischen Häufigkeiten.

Anzahl der Toten durch Pferdetritte	Beobachtete Häufigkeit	Theoretische Häufigkeit
0	144	139
1	91	97
2	32	34
3	11	8
4	2	1
5 oder mehr	0	0
Gesamt	280	280

Heute könnten wir Daten auswählen, die für unsere Zeit üblicher sind, beispielsweise die Anzahl der Tore, die eine Mannschaft in einem Fußballspiel erzielt. Diese Variable passt gut zum Poisson-Verteilungsplan. Wir arbeiten mit Ereignissen pro Zeiteinheit (pro Spiel), es gibt keine Begrenzung und die Anzahl der „Nicht-Tore" kann nicht gezählt werden. Das Diagramm links unten zeigt die Anzahl der Tore, die in jedem der 380 Spiele der spanischen Fußballliga in der Saison 2008/2009 erzielt wurden. Das Diagramm auf der rechten Seite zeigt die Daten, die sich aus unserer Formel ergeben.

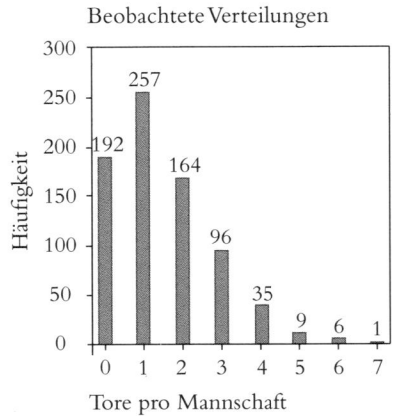
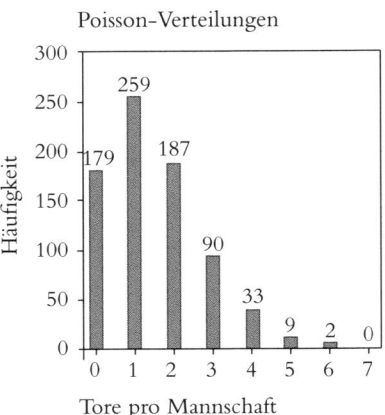

Beobachtete Verteilung und theoretische Verteilung nach dem Poisson-Modell für die Anzahl der Tore, die jedes Team in den 380 Spielen der Saison 2008/2009 der spanischen Fußballliga erzielt hat.

Tatsächlich sind die Profile sehr ähnlich. Das Poisson-Modell erklärt die Variabilität der Anzahl der Tore, die eine Mannschaft in einem Spiel erzielt hat.

Die Gaußsche Glocke oder Normalverteilung

Die Gaußsche Glocke ist in der Mathematik sehr beliebt. Ihre Form entspricht dem Profil des Histogramms, das eine große Menge von Werten repräsentiert, die von der so genannten natürlichen Variabilität beeinflusst werden. So wiegen beispielsweise 1-kg-Zuckerpakete nicht alle genau 1.000 g. Einige wiegen etwas mehr, andere etwas weniger. Dies ist eine unvermeidliche Variabilität, die durch zahlreiche kleine Ursachen hervorgerufen wird, die nicht unmittelbar wahrnehmbar sind, aber insgesamt eine bemerkenswerte Wirkung haben können. Die folgende Grafik zeigt, dass die meisten Werte um den zentralen Wert herum angeordnet sind. Wenn wir uns von diesem Wert entfernen, werden die Beobachtungen immer seltener. Dies ist die typische Form der Gaußschen Glocke oder Normalverteilung.

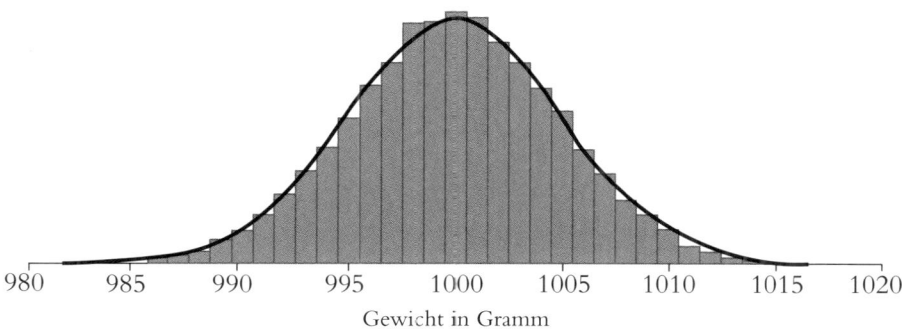

Mögliche Verteilung des Gewichts bei einer großen Anzahl von 1-kg-Zuckerpackungen, die eine typische Gaußsche Glocke beschreibt.

Der mathematische Ausdruck für die Form der Glocke wurde 1733 erstmals vom französischen Mathematiker Abraham de Moivre abgeleitet, aber ihr Name ist mit dem Deutschen Carl Friedrich Gauß verbunden, der sie 1809 zur Erklärung seiner Theorie über Messfehler verwendete, insbesondere bei astronomischen Beobachtungen. Gauß bewies, dass unabhängig davon, ob das Messobjekt nah oder weit entfernt ist, ob es groß oder klein ist, die erhaltenen Werte immer auf diese eigentümliche Weise verteilt sind, wenn die Messungen unter den gleichen Bedingungen wiederholt werden.

Die Normalverteilung nimmt in der Theorie der Statistik einen sehr wichtigen Platz ein, nicht nur, weil sie die Theorie der Fehler erklärt, sondern auch, weil sie eine Art von Variabilität darstellt, die in der Natur – insbesondere im menschlichen Körper – üblich ist.

Gauß auf einer deutschen 10-DM-Banknote.
In der Mitte ist ein Graph der Normalverteilung zu sehen.

Einer der Namen, die mit den Ursprüngen der modernen Statistik in Verbindung gebracht werden, ist Adolphe Quételet, ein belgischer Wissenschaftler, der im 19. Jahrhundert zahlreiche Studien zum Nachweis der statistischen Regelmäßigkeit (Anzahl der Verbrechen, Anzahl der Geburten, Anzahl der Todesfälle usw.) durchführte. Auf der Suche nach Daten zum Beweis der Normalverteilung erhielt er ein unerwartetes Geschenk. Ein schottisches Magazin hatte die Körpergröße und den Brustumfang von mehr als 5.000 Soldaten veröffentlicht, die verschiedenen schottischen Regimentern angehörten. Anhand dieser Daten konnte er zeigen, dass die den Soldaten eigene Variabilität vom selben Typ war, wie durch das Gesetz der

Fehler beschrieben.

Quételet erklärte dazu: „Wenn eine Person, die wenig Erfahrung mit der Vermessung des menschlichen Körpers hat, wiederholt einen typischen Soldaten messen würde, würden sich 5.738 Messungen an diesem einen Individuum sicherlich nicht regelmäßiger gruppieren ... als die Messungen an den 5.738 verschiedenen, schottischen Soldaten.

Adolphe Quételet, einer der wichtigsten
Statistiker des 19. Jahrhunderts.

STIGLERS GESETZ DER EPONYME

Porträt von Abraham de Moivre, der die so genannte Gaußsche Glocke viele Jahre vor dem berühmten deutschen Mathematiker entdeckte.

Zahlreiche wissenschaftliche Entdeckungen, Krankheiten, Gesetze, Theorien und Konstanten tragen den Namen der Person, die sie entdeckt hat – zum Beispiel: Alzheimer, die Euler-Konstante, Fermats letzter Satz, der Halleysche Komet oder die Gaußsche Glocke. Der Name, der diesem Gesetz oder Phänomen gegeben wird, ist ein „Eponym". Stephen Stigler, Professor für Statistik an der Universität von Chicago und anerkannter Historiker auf diesem Gebiet, hat ein Gesetz ausgearbeitet, das kurz und bündig besagt, dass „keine wissenschaftliche Entdeckung nach ihrem ursprünglichen Entdecker benannt ist". Von den oben genannten scheint die Alzheimer-Krankheit (nach Alois Alzheimer) von mindestens einem halben Dutzend Wissenschaftlern vor ihm beschrieben worden zu sein. Die Eulersche Konstante wurde von Jacob Bernoulli entdeckt.

Fermats letzter Satz, wenn es sich um einen Satz handelt, stammt nicht von Fermat (wie zu vermuten wäre), da er erst 1995 von Andrew Wiles nachgewiesen wurde. Der Halleysche Komet wurde von Astronomen vor der Geburt Christi entdeckt, es trifft jedoch zu, dass Edmond Halley seine Umlaufbahn berechnet und das Datum seiner Rückkehr vorhergesagt hat. Was unser hier betrachtetes Thema betrifft, ist gut dokumentiert, dass die Normalverteilung mit ihrer Glockenform nicht von Gauß entdeckt oder erstmals beschrieben wurde, sondern vom französischen Mathematiker Abraham de Moivre, der seine Arbeit zu diesem Thema 1733 veröffentlichte, fast 80 Jahre vor Gauß.

Das bedeutet nicht, dass einige Wissenschaftler zu Unrecht die Anerkennung für die Verdienste anderer erhalten haben. Vielmehr haben einige von ihnen relevante Beiträge geleistet oder ein Thema neu aufgegriffen, das bereits existierte, aber nicht ausreichend bekannt war. Anschließend wurde die vermeintliche Entdeckung ohne ihr eigenes Verschulden mit ihrem Namen gekoppelt. Professor Stigler hat den erwähnten Artikel zu diesem Thema veröffentlicht, obwohl das Phänomen zuvor schon durch Robert Merton untersucht wurde. Und um seinem Gesetz ein weiteres Beispiel hinzuzufügen, schlug er mit einem Anflug von Humor vor, es „Stiglers Gesetz" zu nennen – und dabei ist es geblieben.

Werden uns die beiden Reihen präsentiert, ohne irgendwie gekennzeichnet zu sein, hätten wir vermutlich ein Problem, zu erkennen, welche Reihe von 5.738 verschiedenen Soldaten genommen wurde und welche von nur einer Person stammt."

Ein lebendes Histogramm: Jede Person steht in der Reihe, die ihrer Größe entspricht (Quelle: Edward R. Tufte: The Visual Display of Quantitative Information, beruhend auf dem Werk von Brian L. Joiner: Living Histograms, veröffentlicht 1975 in der International Statistical Review).

Es gibt noch einen weiteren Grund, warum die Normalverteilung eine so besondere Bedeutung hat. Häufig ist das Ausgangsmaterial für die Studien der Mittelwert: Man untersucht die *mittlere* Produktion pro Pflanze im Vergleich bei Verwendung des einen oder anderen Düngemittels, oder ob der *Mittelwert* einer Stichprobe mit dem angenommenen Mittelwert der analysierten Population korreliert usw. Die Messungen zeigen Variabilität, weil je nach entnommener Stichprobe der Mittelwert unterschiedlich ist. Diese Variabilität kann für praktische Zwecke durch die Normalverteilung dargestellt werden, auch wenn die ursprünglichen Daten, aus denen sie berechnet wird, nicht normal sind. Werfen wir beispielsweise einen Würfel, erhalten wir Werte mit einer Verteilung, die nicht mit einer Normalverteilung vergleichbar ist. Es handelt sich um eine diskrete Verteilung mit nur sechs möglichen Werten: 1, 2, 3, 4, 5 und 6, alle mit der gleichen Wahrscheinlichkeit. Wenn wir zwei Würfel werfen und den Mittelwert bilden, haben jetzt nicht alle Werte (des Mittelwerts) die gleiche Wahrscheinlichkeit. Es ist wahrscheinlicher, dass der Mittelwert 3,5 ist. Wenn wir vier Würfel verwenden, erinnert das Profil des Balkendiagramms, das die Wahrscheinlichkeiten der Werte darstellt, die der Mittelwert annehmen kann, bereits an die Form einer Gaußschen Glocke. Wenn wir zehn Würfel werfen, was einer Stichprobengröße von 10 entspricht, ist das Profil der Glocke offensichtlich. Wenn wir also mit Durchschnitten arbeiten, ist unsere Verteilung immer normal.

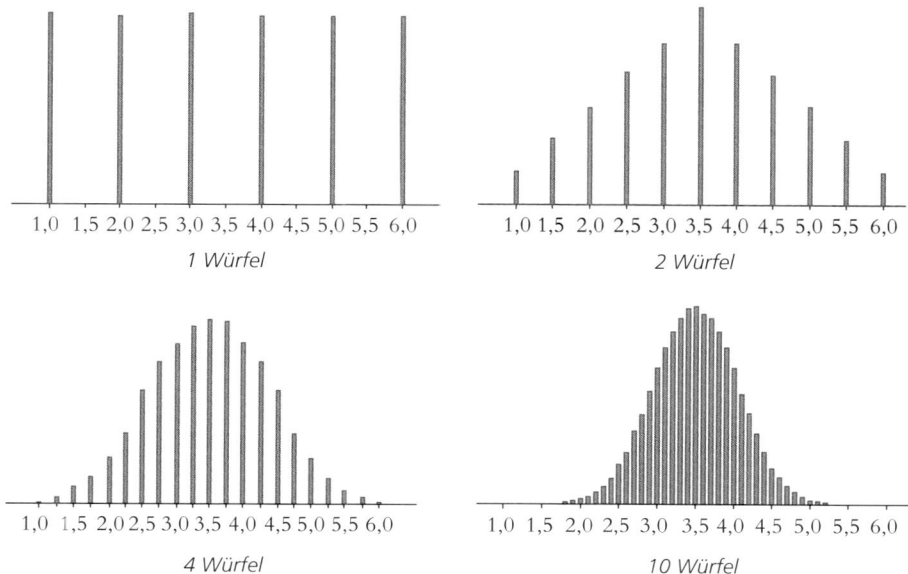

Die Verteilung der Mittelwerte tendiert auch dann zur Normalverteilung, wenn die Werte, die die Mittelwerte bilden, nicht normal sind.

Auf jeden Fall ist die Bezeichnung „normal" trotz ihrer unbestreitbaren Bedeutung etwas unglücklich gewählt. Wenn eine Verteilung als „normal" bezeichnet wird, klingt es, als wären die anderen seltsam, aber das ist nicht der Fall. Der Name ist jedoch geblieben und es handelt sich um die am häufigsten verwendete Verteilung. Manchmal wird sie jedoch bevorzugt als Gaußsche Verteilung bezeichnet.

Wenn aufgrund der Art der zu verarbeitenden Daten davon ausgegangen wird, dass die Variabilität durch diese Verteilung charakterisiert werden kann (sie kann auch grafisch oder durch geeignete statistische Tests verifiziert werden), genügt es, zwei Werte zu kennen, um sie vollständig zu definieren: den Mittelwert, nämlich den Wert in der Mitte der Glocke, sowie die Standardabweichung, die ihre Breite angibt.

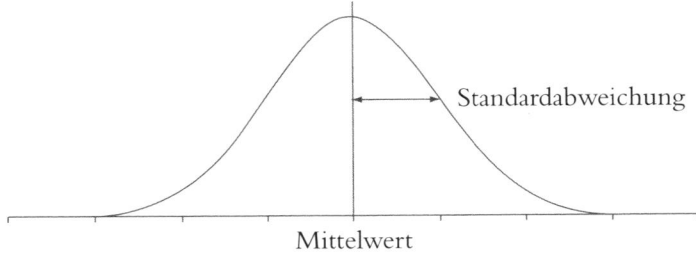

Mittelwert und Standardabweichung: die beiden Parameter,
die eine Normalverteilung charakterisieren.

Wenn die Gewichte der Zuckerpackungen einer Normalverteilung mit einem Mittelwert von 1.000 g und einer Standardabweichung von 5 g folgen, können wir berechnen, welcher Anteil der Verpackungen ein Gewicht über 1.010 g, zwischen 995 g und 1.010 g oder weniger als 995 g haben wird. Bis vor kurzem mussten diverse Berechnungen durchgeführt und einige Tabellen herangezogen werden (die immer noch hinten in vielen Statistikbüchern zu finden sind), aber heute reicht eine Tabellenkalkulation aus. Zum Beispiel wäre die Wahrscheinlichkeit, dass eine Packung weniger als 995 g wiegt:

A1	▼	⋮	×	✓	f_x	=NORM.VERT(995;1000;5;1)
	A	B	C	D	E	
1	0,15865525					

Es kann bestätigt werden, dass etwa 16 % der Packungen weniger als 995 g enthalten, aber über das Gewicht einer bestimmten Packung kann nichts gesagt werden. Aus dem gleichen Grund können wir von der Lebenserwartung einer Population sprechen, aber nicht vom Alter, in dem jeder Einzelne sterben wird.

Es gibt auch einige schnelle Regeln, die auf der Eigenschaft beruhen, dass 68 % der Elemente unabhängig von den Werten ihres Mittelwertes (μ oder „Mü") und ihrer Standardabweichung (σ oder „Sigma") im Intervall $\mu \pm 1\sigma$, 95 % im Intervall $\mu \pm 2\sigma$ und 99,7 % im Intervall $\mu \pm 3\sigma$ liegen. Im obigen Fall, wo der Mittelwert μ = 1.000 und die Standardabweichung σ = 5 betrug, finden wir 68 % der Beobachtungen im Intervall 995-1.005. Damit liegen 32 % außerhalb, das sind 16 % auf jeder Seite, somit liegen 16 % unter 995.

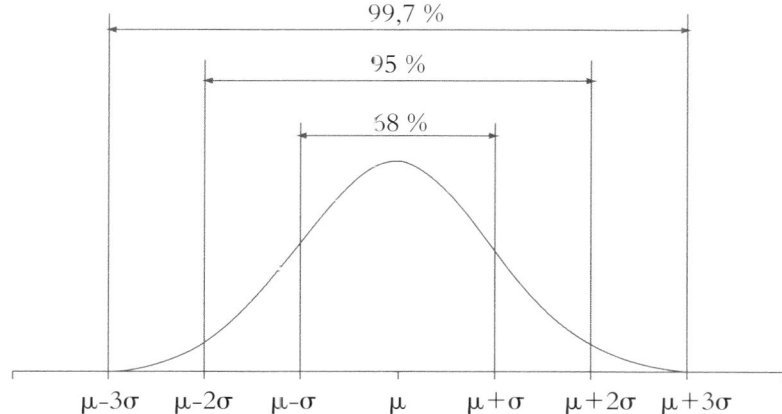

Die Regel ist auch für die Interpretation des Werts der Standardabweichung nützlich. Denkt man beispielsweise an die Verteilung der Körpergrößen, könnte der Mittelwert 170 cm betragen. Die Standardabweichung muss zwischen 6 cm und 7 cm liegen, denn wenn man die hohen Werte betrachtet, erkennt man, dass nur 1 % oder 2 % der Bevölkerung größer als 1,90 m sind, also drei Standardabweichungen über dem Mittelwert.

Andere Verteilungen: Reflexionen zu „theoretischen" Modellen

Es gibt noch andere Wahrscheinlichkeitsverteilungen. Wenn die Variable beispielsweise stetig ist und alle Werte gleich wahrscheinlich sind, wird die Verteilung als
„gleichmäßig" bezeichnet. Excel gibt diese Verteilungswerte zwischen 0 und 1 an,
wenn es mit dem Befehl ‚=ZUFALLSZAHL()' nach Zufallswerten gefragt wird.
Genau das waren diejenigen, die von der Person gefunden wurden, die nach Zahlen zum Ausfüllen von LotterieScheinen suchte. Die Liste der Verteilungen ist noch
viel umfangreicher. Das folgende Diagramm zeigt die im Statistiksoftwarepaket
„Minitab" unterstützten Verteilungen.

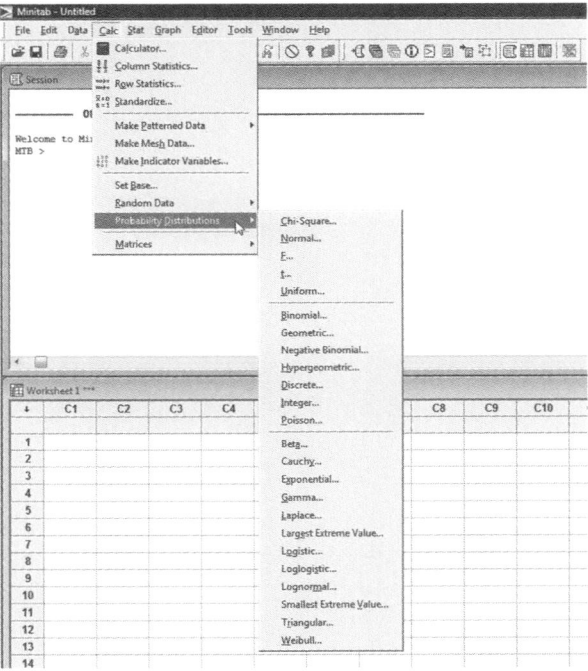

Wahrscheinlichkeitsverteilungen, die mit der Software „Minitab" direkt berechnet werden können.

Ob in diesem Katalog enthalten oder nicht, das Modell sollte nicht mit der
Realität verwechselt werden. Obwohl die Kugel eine sehr verbreitete, geometrische
Figur ist, gibt es im Universum sicherlich keine perfekt kugelförmigen Objekte.
Welchen Sinn haben dann Formeln für die Oberfläche oder das Volumen einer
Kugel? Sie sind von Nutzen, weil sie für praktische Zwecke ausreichend angenäherte
Werte liefern. Das Gleiche gilt für Wahrscheinlichkeitsverteilungen.

Eines der nützlichsten Beispiele für die Veranschaulichung der Normalverteilung ist die Körpergröße von Menschen. Hätten wir jedoch die genauen Größen der Milliarden von Erwachsenen, die auf unserem Planeten leben, könnten wir beweisen, dass sie nicht genau zu unserer bekannten Glocke passen; sie würden es auch dann nicht tun, wenn wir sie nach Geschlecht, Rasse oder einem anderen Merkmal kategorisieren würden.

Es ist ein gutes Referenzmodell, das mit aller notwendigen Genauigkeit Schätzungen über Größenwerte zulässt, aber es bleibt eben immer ein theoretisches Modell, das nicht genau mit der Realität übereinstimmt. Das Gleiche gilt für die anderen Verteilungen. Selbst wenn die betrachteten Hypothesen mit der Praxis nicht genau übereinstimmen und sie nur theoretische Modelle sind (ein Modell als theoretisch zu bezeichnen, ist eigentlich eine unnötige Spezifikation), sind sie dennoch enorm nützlich.

Ein bisschen Spaß: Überraschende Wahrscheinlichkeiten

Aufgaben mit Wahrscheinlichkeitsberechnung verdienen Respekt, weil sie recht schwierig sein können, auch wenn sie sich zunächst ganz einfach anhören. (Zum Beispiel: Wie hoch ist die Wahrscheinlichkeit, dass die gleiche Gewinnkombination der Lottozahlen zweimal auftritt?)

Interessant ist, dass sich überraschende Wahrscheinlichkeiten in einigen Fällen sehr stark von dem unterscheiden, was wir intuitiv erwarten würden. Und wir brauchen ein wenig Fantasie, wenn wir versuchen, schwierige Probleme zu lösen. Betrachten wir ein paar Beispiele.

Falsche Positive

Bei einer Routineuntersuchung wird festgestellt, dass eine Person an einer Krankheit leidet, von der 1 % der Bevölkerung betroffen ist. Die Art der durchgeführten Analyse ergibt 5 % Fehlalarme – sie deutet darauf hin, dass die Krankheit vorliegt, obwohl der Patient in Wirklichkeit nicht darunter leidet. Wie hoch ist die Wahrscheinlichkeit, dass der Patient die Krankheit tatsächlich hat?

Vielleicht denken Sie, sie läge bei 95 %, aber das stimmt nicht. In Wirklichkeit ist sie viel niedriger. Auf 1.000 analysierte Personen kommen 50 Fehlalarme (5 %) und ein wahres Positiv. Wenn es dann unter den 51 Positiven nur ein wahres Positiv gibt, dann ist die Wahrscheinlichkeit, dass der Patient die Krankheit hat, nur 1/51, also etwas unter 2 %.

Das Geburtstagsproblem

Wie hoch ist in einer Klasse mit 30 Schülern die Wahrscheinlichkeit, dass zwei oder mehr am selben Tag Geburtstag haben?

Die meisten Menschen würden erwarten, dass diese Wahrscheinlichkeit sehr gering ist, in Wirklichkeit ist sie gar nicht so klein. Wir beginnen mit der Berechnung der Wahrscheinlichkeit, dass zwei Personen nicht am selben Tag geboren wurden. Für die erste Person gibt es keine Einschränkungen, sie hätte an jedem Tag des Jahres geboren werden können (365 günstige Fälle aus 365 möglichen Fällen), aber die zweite muss an jedem anderen Tag als dem Tag, an dem die erste Person geboren wurde, geboren worden sein (364 günstige Fälle aus 365 möglichen Fällen):

$$\frac{365}{365} \times \frac{364}{365} = 0{,}9973.$$

Die Wahrscheinlichkeit, dass drei Personen an unterschiedlichen Tagen geboren sind, wäre dann:

$$\frac{365}{365} \times \frac{364}{365} \times \frac{363}{365} = 0{,}9918.$$

Und die Wahrscheinlichkeit, dass 30 Personen an unterschiedlichen Tagen geboren sind:

$$\frac{365}{365} \times \frac{364}{365} \times \frac{363}{365} \times \ldots \times \frac{336}{365} = 0{,}2937.$$

Es gibt nur zwei mögliche Ergebnisse: Alle sind an unterschiedlichen Tagen geboren oder mindestens zwei wurden am selben Tag geboren. Dann ist die Wahrscheinlichkeit, dass mindestens zwei am selben Tag geboren wurden:

$$1 - \frac{365}{365} \times \frac{364}{365} \times \frac{363}{365} \times \ldots \times \frac{336}{365} = 0{,}7063.$$

Das bedeutet, dass die Wahrscheinlichkeit, dass in einer Gruppe von 30 Personen zwei oder mehr am selben Tag geboren wurde, ca. 70 % ist. Bei 23 Personen liegt sie etwas über 50 %, bei 40 bei 89 %.

GEMEINSAME GEBURTSTAGE

Obwohl es überraschend erscheinen mag, ist die Wahrscheinlichkeit, dass in einer Gruppe von 23 Personen zwei oder mehr den gleichen Geburtstag haben, etwas größer als 50 % (genau 50,7 %), wie im folgenden Graphen dargestellt. Wenn Sie nicht von der Argumentation für die Berechnung dieser Wahrscheinlichkeit überzeugt sind, sehen wir uns einfach mehrere Gruppen mit 23 Personen an. Das Problem ist, sie zu finden und das betreffende Geburtsdatum herauszufinden. Es gibt jedoch Alternativen.

Auf einem Fußballfeld sind 23 Personen anwesend (11+11+1, der Schiedsrichter) und es ist leicht, sowohl die Aufstellung der Spiele als auch das Geburtsdatum der Spieler zu ermitteln. Ausgehend von den Spielen des ersten Wochenendes der Saison 2012/2013 der englischen Premier League, waren bei zehn gespielten Spielen in sieben Spielen Menschen auf dem Platz, die gemeinsam Geburtstag haben, nämlich:

Arsenal vs. Sunderland	Keine Vorkommen
Everton vs. Manchester United	Pienaar (Everton) und Kagawa (Man Utd.): 17. März
Fulham vs. Norwich City	Keine Vorkommen
Manchester City vs. Southampton	Nasri (Man City) und Puncheon (Southampton): 26. Juni
Newcastle United vs. Tottenham Hotspur	Simpson (Newcastle) und Kaboul (Spurs): 4. Januar
Queen Park Rangers vs. Swansea	Cissé (QPR) und Graham (Swansea): 12. August
Reading vs. Stoke City	Pearce und McAnuff (beide Reading): 9. November
West Bromwich Albion vs. Liverpool	Reid und Olsson (beide WBA): 10. März
West Ham United vs. Aston Villa	Keine Vorkommen
Wigan Athletic vs. Chelsea	Luiz und Mikel (beide Chelsea): 22. April

In diesem Fall gab es also eine „Erfolgsquote" von 70 %, die ungewöhnlich hoch ist. Obwohl die Wahrscheinlichkeit 50 % beträgt, dass es mit Sicherheit mindestens einen „Erfolg" geben wird, ist die Wahrscheinlichkeit, dass für bis zu zehn Spiele keine Spiele mit Personen mit gleichen Geburtstagen stattfinden, wie folgt:

Spiele mit Vorkommen	0	1	2	3	4	5	6	7	8	9	10
Wahrscheinlichkeit	0,001	0,01	0,04	0,12	0,21	0,25	0,21	,012	0,04	0,01	0,001

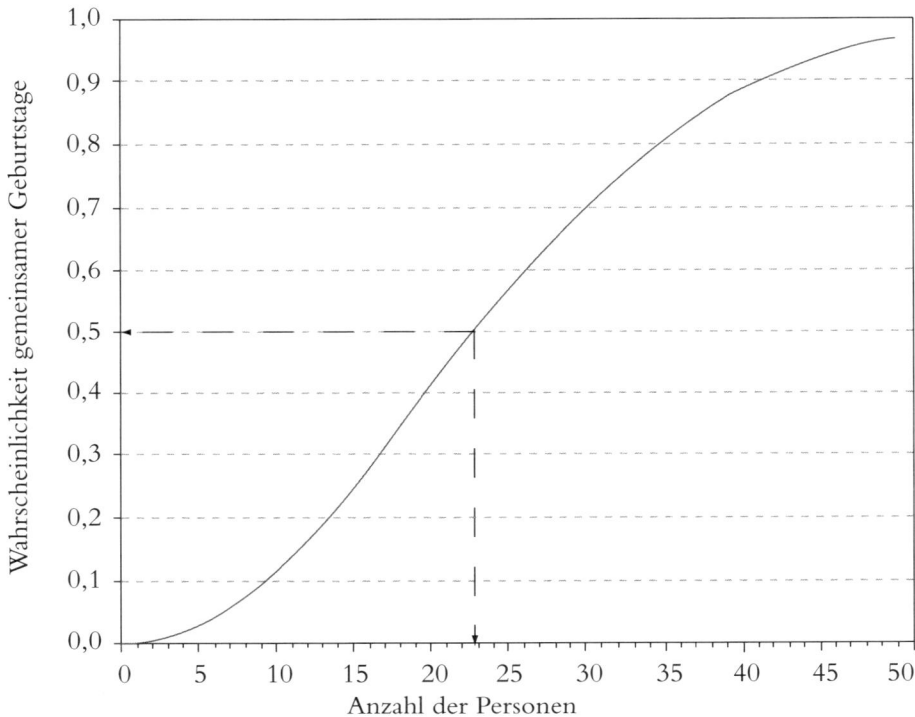

Die Wahrscheinlichkeit, dass in einer Gruppe Personen am selben Tag geboren wurden, dargestellt als Funktion der Gruppengröße.

Variante (gleiches Muster, aber umgekehrt): Wie hoch ist die Wahrscheinlichkeit, dass in einer Gruppe von 30 Personen zwei oder mehr Menschen an einem Tag sterben (wenn auch nicht unbedingt im selben Jahr)?

Tritt die Gewinnkombination zweimal auf?

Betrachten wir ein weiteres Beispiel mit überraschenden Wahrscheinlichkeiten: Eine Person hat ihr gesamtes Erwachsenenleben lang Lotto gespielt (angenommen, das sind 50 Jahre). Wenn sie zwei Scheine pro Woche ausfüllt, wie hoch ist die Wahrscheinlichkeit, dass in diesem Zeitraum die gleiche Gewinnkombination mehr als einmal auftaucht?

Auch wenn es andere Varianten gibt, werden in der Regel sechs Zahlen von 1 bis 49 gezogen und es gibt 13.983.816 Möglichkeiten, dies zu tun, wobei jeweils nur eine den Gewinn darstellt.

Angenommen, unsere Person spielt 100 Mal im Jahr, dann wird sie im Verlauf ihres Lebens 5.000 Mal spielen. Diese Aufgabenstellung ist ähnlich wie diejenige mit den gleichen Geburtstagen, aber hier ist es so, als hätten wir ein Jahr mit 13.983.816 Tagen und 5.000 Menschen, von denen jeder an einem dieser Tage geboren wurde. Wie hoch ist die Wahrscheinlichkeit, dass zwei Personen am selben Tag geboren wurden? Unter Verwendung der gezeigten Formeln (Sie brauchen unbedingt eine Tabellenkalkulation) beträgt die Wahrscheinlichkeit 59 %. Wenn wir richtig zählen, ist es nicht verwunderlich, dass die gleiche Kombination zweimal vorkommt.

Benachbarte Zahlen beim Lotto

Wir beenden dieses Kapitel mit einer Frage, die Sie sich vielleicht schon irgendwann gestellt haben: Wie hoch ist die Wahrscheinlichkeit, dass beim Lotto zwei benachbarte Zahlen auftauchen?

Sie ist höher, als es auf den ersten Blick scheint, nämlich genau 49,5 %. Die Berechnung dieses Werts mit den kombinatorischen Formeln ist aufwendig, aber wir können mit Hilfe einer Tabellenkalkulation überprüfen, ob er in dieser Größenordnung liegt.

Eine Möglichkeit sieht wie folgt aus:

1. Schreiben Sie die Zahlen von 1 bis 49 in Spalte A.
2. Legen Sie Zufallszahlen in Spalte B ab.
3. Sortieren Sie Spalte B und nehmen Sie Spalte A in die Sortierung auf.
4. Spalte A ist jetzt zufällig sortiert. Kopieren Sie die ersten sechs Werte in Spalte C. Dies ist die Gewinnkombination.
5. Geben Sie in Spalte D den Absolutwert der 15 Differenzen zwischen den Werten der Gewinnkombination ein.
6. Geben Sie in Zelle E1 den kleinsten Wert aus Spalte D ein. Ist der Wert 1, gibt es benachbarte Zahlen in der Gewinnkombination.

Wenn Sie nach Abschluss dieses Vorgangs Spalte B erneut sortieren und Spalte A in die Sortierung einbeziehen, erhalten Sie eine weitere Gewinnkombination und die Zahlen werden neu berechnet. Das Tolle daran ist, dass Sie einfach die F4-Taste drücken können und sich der gesamte Vorgang wiederholt. Sie werden sehen, dass etwa jedes zweite Mal eine 1 in Zelle E1 erscheint.

E1	▾	⊙	*fx*	=MIN(D1:D15)	
	A	B	C	D	E	F
1	24	0,406033264	24	25	1	=ABS(C$1-C2)
2	49	0,692061135	49	10		=ABS(C$1-C3)
3	34	0,888345552	34	1		=ABS(C$1-C4)
4	25	0,690317785	25	18		=ABS(C$1-C5)
5	42	0,510624023	42	14		=ABS(C$1-C6)
6	10	0,731399102	10	15		=ABS(C$2-C3)
7	35	0,80523146		24		=ABS(C$2-C4)
8	29	0,485161895		7		=ABS(C$2-C5)
9	5	0,841222518		39		=ABS(C$2-C6)
10	44	0,073104639		9		=ABS(C$3-C4)
11	7	0,437421932		8		=ABS(C$3-C5)
12	46	0,594398038		24		=ABS(C$3-C6)
13	15	0,081228671		17		=ABS(C$4-C5)
14	38	0,109743618		15		=ABS(C$4-C6)
15	13	0,341018331		32		=ABS(C5-C6)

Wenn Sie eine Programmiersprache beherrschen, können Sie auch ein kleines Programm schreiben, das die Ziehung simuliert und zählt, wie oft benachbarte Zahlen auftauchen.

Eine weitere Möglichkeit besteht darin, historische Daten zu untersuchen. In der spanischen Lotterie wurden von der ersten Ziehung am 17. Oktober 1985 bis zum 31. Dezember 2009 2.245 Ziehungen durchgeführt. 1.148 von ihnen (50,14 %) enthielten benachbarte Zahlen.

Und schließlich: Am 22. August 2002 lautete die Gewinnkombination: 13, 21, 24, 26, 32 und 34. Und am 10. Dezember 2009 war sie … genauso! Das ist nicht so außergewöhnlich, wie es klingt. Die Wahrscheinlichkeit einer Wiederholung bei 2.245 Ziehungen beträgt 16,5 %.

Kapitel 3

Vom Teil zum Ganzen

Eine der typischen Aktivitäten in der Statistik ist es, Rückschlüsse auf das Gesamtbild zu ziehen, nachdem man nur einen Teil davon betrachtet hat. Das „Ganze" wird als „Population" bezeichnet, ein Relikt aus den ersten Anwendungen der Statistik, bei denen das Ziel der Studie genau das war, nämlich eine Population von Individuen. Heute verwenden wir den gleichen Namen, aber die Population muss nicht unbedingt aus Menschen bestehen. Es könnten Fische in einem See oder die Produkte einer Fabrik im Lauf eines Jahres sein. Natürlich könnte sie auch die Gruppe der Bürger mit Stimmrecht bei den kommenden Wahlen oder die Gruppe der Menschen, die an einer bestimmten Krankheit leiden, darstellen.

Eine umfassende Untersuchung einer Population ist fast immer unmöglich. Wir können nicht die gesamte Wählerschaft befragen, für wen sie bei den nächsten Wahlen stimmen will, oder uns bei allen Kranken erkundigen, wie sie auf ein neues Medikament reagiert haben. Untersuchen wir Maschinen oder Produkte, kann es darum gehen, wie viel Verschleiß oder stumpfe Kraft sie aushalten, bevor sie kaputt gehen. Jede von ihnen zu zerstören, um ihre genaue Haltbarkeit zu überprüfen, ist sicherlich keine gute Idee.

Wir wählen also einen Teil der Population aus, die so genannte „Stichprobe"; aus den für diese Stichprobe erhaltenen Ergebnissen schätzen wir die Eigenschaften der Population (um eine möglichst genaue Vorstellung zu erhalten). Die Regeln für die Berechnung der Wahrscheinlichkeiten erlauben uns, die Qualität dieser Schätzungen anhand einer Reihe von Konzepten wie „Vertrauensgrad" und „Fehlerspielraum" zu quantifizieren.

Natürlich trifft dies alles nur zu, solange die Stichprobe repräsentativ für die gesamte Population ist. Wenn sie nicht repräsentativ ist, wird der Aufwand sinnlos sein, obwohl die Bedeutung der mathematischen Aspekte in manchen Berichten übertrieben wird (da es ein billiger und effektiver Weg ist, Menschen mit vermeintlich mathematischen Fakten zu täuschen oder um ihre Zustimmung zu gewinnen), und die Art und Weise, wie die Stichprobe erfasst wurde, nicht berücksichtigt wird. Es richtig zu machen, ist viel teurer, aber es ist absolut notwendig, um die Gültigkeit der Schlussfolgerungen zu gewährleisten.

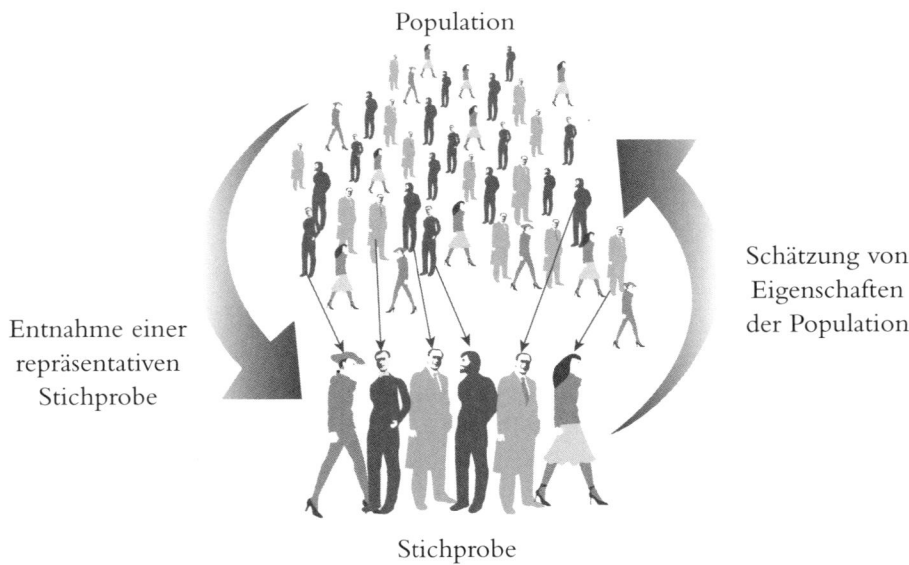

Population

Schätzung von
Eigenschaften
der Population

Entnahme einer
repräsentativen
Stichprobe

Stichprobe

Schätzung der Eigenschaften der Population anhand einer repräsentativen Stichprobe.

Wie viele Fische sind in einem See? Wie viele Taxis gibt es in einer Stadt?

Betrachten wir zwei Beispiele für die Schätzung der Eigenschaften einer Population, in diesem Fall ihrer Größe, durch die Anwendung von Stichprobenverfahren.

Fische

Zu zählen, wie viele Fische es in einem See gibt, scheint eine schwierige Aufgabe zu sein, besonders wenn der See groß und das Wasser dunkel ist, aber Biologen wissen, wie man es macht. Natürlich mit statistischen Methoden. Eine sehr gebräuchliche Methode wird als „Fischen und erneutes Fischen" bezeichnet (oder allgemein als „Rückfangmethode", da sie nicht nur für Fische verwendet wird). Dabei gehen wir wie folgt vor:

1. Wir fangen eine Stichprobe von Fischen, markieren sie und werfen sie ins Wasser zurück. Natürlich kann dies nicht auf die herkömmliche Weise geschehen. Die Fische dürfen beim Fangen nicht verletzt werden. Man

könnte sie jedoch beispielsweise durch Elektrofischen lange genug betäu-
ben, um sie einzusammeln und zu markieren. Die Markierung darf die
Bewegung oder das Überleben der Fische nicht behindern und muss auch
bis mindestens zur nächsten Fangfahrt halten.

2.   Wir warten eine Weile (vielleicht ein paar Tage), bis man davon ausgehen
kann, dass sich die markierten Fische über den gesamten See verteilt haben
und nehmen eine weitere Stichprobe (das „erneute Fischen"), die nicht
unbedingt die gleiche Anzahl wie beim ursprünglichen Fischen enthalten
muss.

3.   Wir führen die Berechnungen durch. Wenn es N Fische in einem See gibt
und M markiert sind, ist der Anteil der markierten Fische M/N. Beim
erneuten Fischen werden C Fische gefangen, die als repräsentative Stichprobe aller Fische im See betrachtet werden können; von ihnen sind R
markiert. Wir dürfen annehmen, dass der Anteil der markierten Fische in
der zweiten Stichprobe dem Anteil der markierten Fische im gesamten See
ähnlich ist, mit anderen Worten:

$$\frac{M}{N} \cong \frac{R}{C}.$$

Die Schätzung der Anzahl der Fische im See lautet (aufgelöst nach N):

$$N \cong \frac{MC}{R}.$$

Und hier ein Beispiel mit Zahlen.

1. Eine Menge von M Fischen wird gefangen und markiert (sie kann als Zufallsstichprobe der N Fische im See betrachtet werden). In unserem Fall ist $M = 15$.

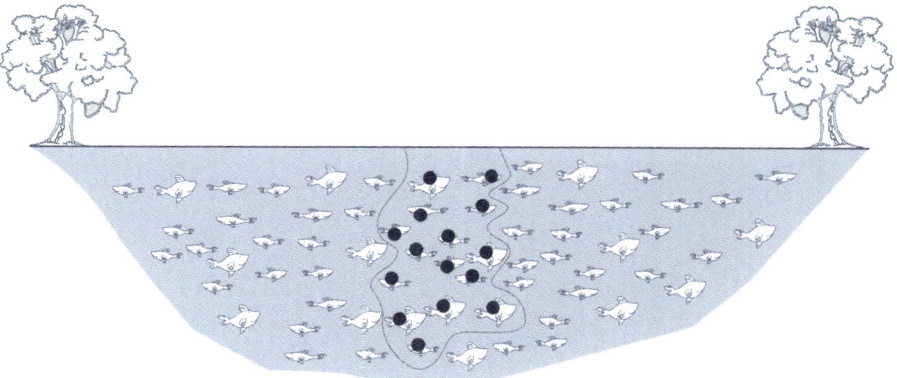

2. Wir warten eine Weile, sodass sich die markierten Fische über den gesamten See verteilen können, fangen eine neue Stichprobe (*C*) und zählen, wie viele von ihnen markiert sind (*R*). In unserem Fall ist *C* = 15 und *R* = 3.

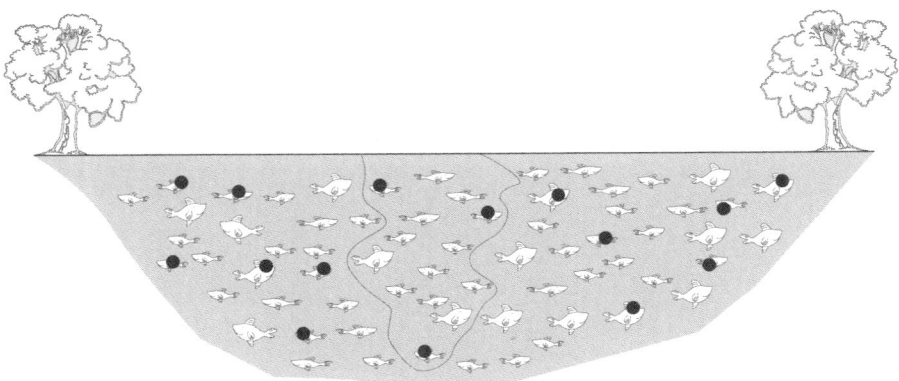

3. Die Anzahl der Fische im See beträgt ungefähr $N = \dfrac{MC}{R} = \dfrac{15 \times 15}{3} = 75$.

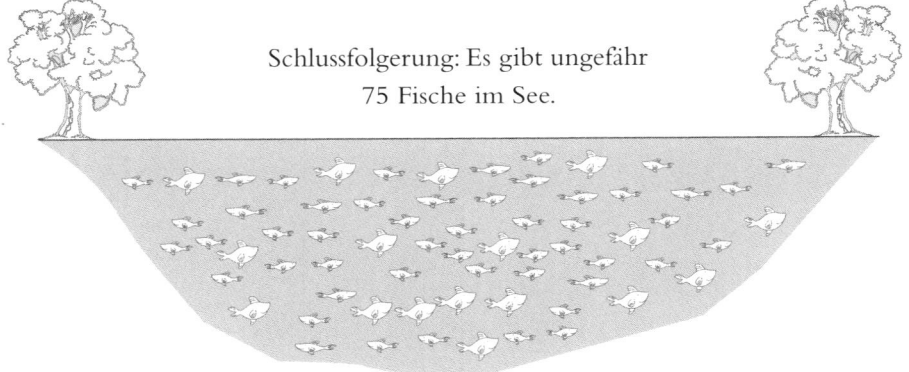

Schlussfolgerung: Es gibt ungefähr
75 Fische im See.

Aber was bedeutet „ungefähr"? Wenn Sie in der Grafik nachzählen, werden Sie feststellen, dass es im See 67 Fische gibt und somit ein Fehler von 12 % vorliegt. Ist dieser Fehler größer oder kleiner als das, was zu erwarten ist? Welche Fehlergröße kann bei der Anwendung dieser Methode entstehen?

Basierend auf sinnvollen Hypothesen und mathematischen Argumenten kann die statistische Theorie diese Fragen beantworten. Zum besseren Verständnis könnten wir auch ein kleines Computerprogramm verwenden, das den Prozess so oft wiederholt, wie vom Benutzer festgelegt. Wir können beliebig oft fischen und erneut fischen und in jedem Durchgang anhand der Anzahl der geschätzten Fische die

Größe der entstandenen Fehler und die Häufigkeit ihres Auftretens bestimmen.

Mit den Daten aus unserem Beispiel werden in 85 % der Fälle zwischen zwei und fünf markierte Fische gefunden, was uns nach der von uns abgeleiteten Formel eine Schätzung von 112 bis 45 Fischen liefert. In 15 % der Fälle liegt die Schätzung außerhalb dieses Intervalls.

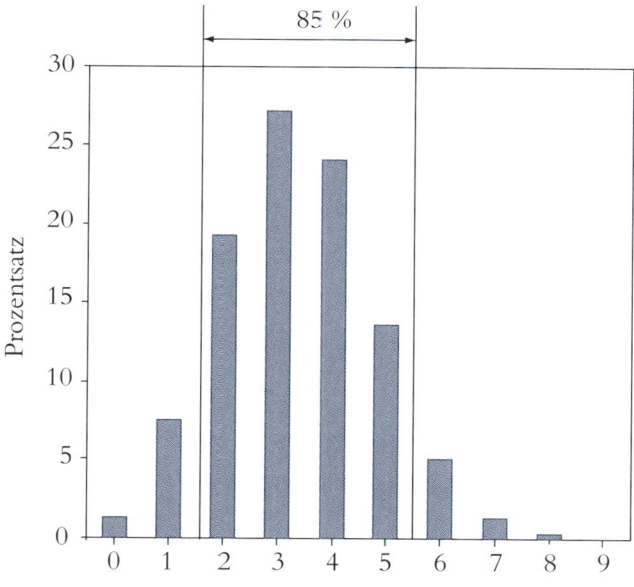

Markierte Fische, die beim Rückfang gefischt wurden

Verteilung der Anzahl markierter Fische, die beim erneuten Fischen gefunden wurden (die Ergebnisse wurden unter Verwendung der Daten aus dem Beispiel und durch 10.000 Wiederholungen des Prozesses ermittelt).

Überschussfehler sind häufiger als Defizitfehler und der Mittelwert der Schätzungen liegt bei 82, also höher als der tatsächliche Wert. Wenn dies geschieht, sagen wir, dass der Schätzer „voreingenommen" ist, er verweist nicht auf den wahren Wert des zu schätzenden Parameters.

Die Schätzung verbessert sich deutlich, wenn kleine Korrekturen an der Formel vorgenommen werden. Das einzige Problem ist, dass wir sie nicht mehr einfach rechtfertigen können.

$$N = \frac{(M+1)(C+1)}{R+1} - 1.$$

Mit dieser Formel führt das Finden von zwei Fischen zu einer Schätzung von 84, finden wir hingegen fünf, beträgt die Schätzung 42. Daher wird in 85 % der Fälle die Schätzung zwischen 42 und 84 liegen. Außerdem werden wir in 27 % der Fälle drei markierte Fische finden, was uns eine Schätzung von 64 liefert, womit wir dem tatsächlichen Wert sehr nahe kommen. Dies ist ein „unvoreingenommener" Schätzer, d. h. wenn wir das Programm immer wieder ausführen, stimmt der durchschnittliche Schätzwert mit dem tatsächlichen Wert überein.

Wir können auch Korrekturkoeffizienten einbeziehen, wenn wir berücksichtigen, dass nicht alle Fische die gleiche Wahrscheinlichkeit haben, gefangen zu werden oder dass die hinzugefügten Markierungen das Überleben beeinträchtigen oder dass einige Fische die Markierung verlieren. Man kann sagen, es handelt sich um ein sehr gut untersuchtes Thema, das in Ökologiebüchern ausführlich beschrieben wird. Gleichzeitig ist es ein gutes Beispiel dafür, wie wir mit Hilfe von Statistiken Probleme überwinden können, die zunächst schwierig, wenn nicht gar unmöglich erscheinen mögen.

Taxis

Die Herausforderung ist viel einfacher, wenn es darum geht, die Anzahl der Taxis in einer Stadt zu ermitteln. Die erste Möglichkeit besteht darin, in einem Telefonbuch nachzusehen, wie viele Taxiunternehmen es gibt, diese dann mit einer Schätzung zu multiplizieren, um zu ermitteln, wie viele Autos jedes davon durchschnittlich besitzt. Dies ist jedoch wahrscheinlich sehr ungenau. Die nächste Möglichkeit wäre eine Suche im Internet. So besagt beispielsweise die Website einer großen Stadtverwaltung, dass in ihrem Großraum 10.481 Taxilizenzen erteilt wurden. Einer Lizenz entspricht ein Fahrzeug. Problem gelöst.

Anzahl an Lizenzen	10.481
Zugelassene Taxifahrer	19.018 (12.536 aktive)
Tägliche Fahrten	Mehr als 225.000
Zugelassene Taxis	13 Typen / 55 Modelle
Alter der Fahrzeuge	5 Jahre: 67,5 % Zwischen 5 und 7 Jahren: 19,6 % Zwischen 7 und 10 Jahren: 9,5 % Mehr als 10 Jahre: 3,4 %
Durchschnittliches Alter der Taxiflotte	4 Jahre

Wenn wir diese Daten nicht finden, können wir Statistiken verwenden. Taxis haben eine Lizenznummer, die sichtbar im Fahrzeug angebracht ist, diese Zahlen gehen von 1 bis zur Anzahl aller Lizenzen. Wenn wir ein neues Fahrzeug kaufen ist auch das Nummernschild neu und die Nummer unseres alten Fahrzeugs existiert nicht mehr.

Bei den Taxilizenznummern ist es anders (obwohl es wahrscheinlich Ausnahmen gibt): Die Anzahl der Lizenzen ist festgelegt, d. h. wenn eine Person Taxifahrer werden will, muss sie die Lizenz von einer anderen kaufen und ihre Nummer entspricht der Lizenz, die sie gekauft hat. Das erleichtert das Zählen erheblich, so man kann im Zentrum der Stadt ohne Telefon und Internetanschluss innerhalb von zehn Minuten sehr gut abschätzen, wie viele Taxis es gibt. Sehen wir uns an, wie das geht.

Angenommen, die folgenden Werte stammen aus einer nummerierten Population: 8, 14, 22, 27 und 35. Wenn Sie nach einer Schätzung der Anzahl der darin enthaltenen Elemente gefragt werden, würden Sie sicherlich nicht 25 sagen, weil wir auf einen Blick erkennen, dass es mindestens 35 sind, aber wohl auch nicht 1.000, weil es sehr seltsam wäre, fünf zufällige Zahlen zu erhalten, die so niedrig sind, wenn die Zahlen theoretisch bis 1.000 reichen könnten. Sicherlich liegt eine gute Schätzung bei etwa 40 bis 50.

Eine erste Idee für eine Regel könnte aus der Beobachtung entstehen, dass in einer solchen Population die Gesamtzahl der Elemente gleich dem Doppelten ihres Mittelwerts minus 1 ist. Besteht die Population beispielsweise aus zehn Elementen, sind ihre Werte 1, 2, 3, 3, 4, 5, 6, 7, 8, 9 und 10, der Mittelwert liegt bei 5,5 und die Anzahl der Elemente in der Population beträgt $2 \cdot 5,5 - 1$. Allgemein gilt immer, wenn $\overline{x}$ der Mittelwert einer Population ist, die aus N fortlaufenden Zahlen ab 1 gebildet wird:

$$N = 2\overline{x} - 1.$$

Wenn wir diese allgemeine Regel auf die Daten der vorherigen Stichprobe anwenden, ist der Mittelwert 21,2, dann lautet die Schätzung $2 \times 21,2 - 1 \cong 41$, was sehr gut zu dem passt, was wir intuitiv gedacht haben.

Aber bei diesem System gibt es ein großes Problem. Wenn die Daten 3, 4, 6 und 15 sind, ist der Durchschnitt 7 und unsere Schätzung für die Gesamtzahl der Elemente beträgt 13, was offensichtlich falsch ist, weil wir in der Stichprobe ein Element 15 haben. Deshalb muss es mindestens diese Anzahl von Elementen geben. Es wäre ziemlich seltsam, wenn auch nicht ganz ungewöhnlich, mit ausgeklügelten Techniken Schlussfolgerungen zu ziehen, die der gesunde Menschenverstand als falsch erkennt. Wir müssen uns also neue Methoden ausdenken.

In Wirklichkeit müssen wir nur wissen, wie viele Elemente es über 35 gibt, um zu wissen, wie viele es insgesamt gibt.

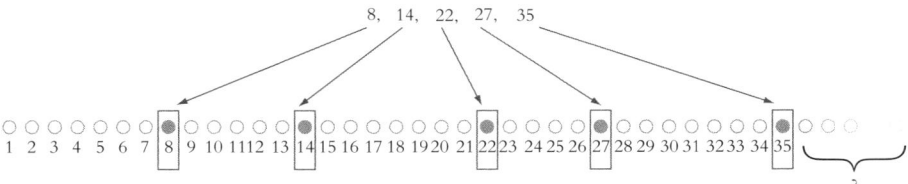

Eine Option, die durchaus logisch erscheint, ist die Annahme, dass es nach dem letzten Element genauso viele mehr gibt wie vor dem ersten. In diesem Fall würden wir 7 zu den 35 hinzufügen und unsere Schätzung wäre 42. Der Nachteil dieser Methode besteht darin, dass wir die Informationen ignorieren, die durch die Anzahl der Elemente zwischen den Beobachtungen entstehen, denn es ist immer sinnvoll, alle verfügbaren Informationen zu nutzen. Eine Möglichkeit, dies zu tun, besteht darin, den letzten Wert zum Durchschnitt der Abstände zwischen den vorhandenen Beobachtungen hinzuzufügen (der erste Abstand ist die Anzahl der Elemente, die es vor der ersten Beobachtung gibt).

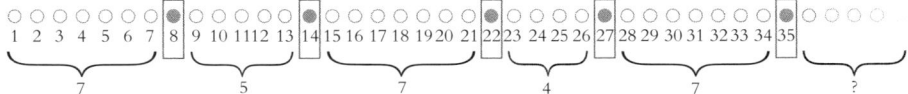

In unserem Fall müssen wir Folgendes hinzufügen:

$$\frac{7+5+7+4+7}{5} = 6.$$

Unsere Schätzung beträgt somit 41. Allgemein gilt, wenn $x_1, x_2, \ldots, x_n$ die Werte an den Positionen $1, 2, \ldots, n$ darstellen, dann sollte dem letzten Wert der folgende Betrag hinzugefügt werden:

$$\frac{(x_1 - 1) + (x_2 - x_1 - 1) + (x_3 - x_2 - 1) + \ldots + (x_n - x_{n-1} - 1)}{n}.$$

Man kann leicht überprüfen, dass dieser Ausdruck äquivalent ist zu:

$$\frac{x_n}{n} - 1.$$

Die beste Schätzung für die Gesamtzahl der Elemente in einer Population ist also

$$x_n + \frac{x_n}{n} - 1.$$

Und wie gut ist dieser Schätzer? Es kann nachgewiesen werden (wie es die mathematische Statistik tut), dass mit den Kriterien, die manipuliert werden, um die Eigenschaften eines Schätzers zu qualifizieren, dies das Beste ist, was man berechnen kann. In dem von Experten verwendeten Fachjargon wird dies als UMVUE (*Uniformly Minimum-Variance Unbiased Estimator*) bezeichnet, auf Deutsch: gleichmäßig bester erwartungstreuer Schätzer.

So ist es ausreichend, sich die Lizenzen von 20 Taxis anzusehen. Der Wert der höchsten Zahl wird zu diesem Wert addiert und durch 20 geteilt, dann ziehen wir 1 ab. Wenn in unserem Beispiel die Anzahl der Lizenzen 10.481 beträgt und diese entsprechend nummeriert sind, wird unsere Schätzung in 95 % der Fälle zwischen 9.175 und 10.990 liegen.

Natürlich ist diese Methode nicht nur für die Zählung von Taxis geeignet. Beispielsweise kann sie auch verwendet werden, um die Anzahl der Teilnehmer an einem Rennen zu schätzen, wenn ihre Nummern in der Reihenfolge von 1 bis zur letzten angemeldeten Person ausgegeben werden. Auch die Spionage nutzt diese Techniken, um zu schätzen, wie viele Waffen der Feind besitzt. Wenn die Waffen eine Seriennummer haben und einige Exemplare in unseren Besitz gelangen, ist es nicht schwierig, die dem Feind zur Verfügung stehende Gesamtzahl abzuleiten, wie wir bereits gesehen haben.

Wie hoch ist der Prozentsatz der Haushalte mit Internet?

Erstens müssen wir uns über die Terminologie im Klaren sein. Was ist ein Haushalt? Was verstehen wir unter Internetverbindung? Es macht keinen Sinn, die Berechnung von Werten immer weiter zu optimieren, bevor klar ist, was sie bedeuten.

Die Überschrift einer Zeitung meldet, dass die Hälfte aller Zigaretten von Menschen mit psychischen Störungen geraucht wird. Das klingt, als ob sie sagen: „Die Hälfte aller Raucher ist verrückt", was offensichtlich eine Übertreibung sein muss. Im Text des Artikels jedoch wird eine psychische Störung definiert als die Abhängigkeit von einer bestimmten Substanz, daher werden nicht nur die Hälfte, sondern praktisch alle Zigaretten von Menschen mit einer Abhängigkeit und damit mit „psychischen Störungen" geraucht. Viele Wörter, die wir ganz selbstverständlich verwenden, haben keine eindeutige Aussage, eines davon ist zum Beispiel „Familie". Was ist eine Familie? Eine Ehe mit Kindern? Und was wäre, wenn die Großeltern im gleichen Haus leben? Sollen sie als Familienmitglieder gezählt werden?

SCHÄTZUNGEN FÜR DIE GEWINNKOMBINATION BEI DER LOTTERIE

Wir wissen nur zu gut, dass alle Zahlen in einer nationalen Lotterie die gleiche Wahrscheinlichkeit haben, gezogen zu werden, aber was ist mit dem Mittelwert der Gewinnkombination? Am 7. Januar 2010 war die Gewinnkombination in der spanischen Lotería Primitiva 19, 24, 25, 38, 43 und 49, die einen Mittelwert von 33 aufweist; am Samstag, den 9. Januar, waren es die Zahlen 13, 26, 29, 30, 31 und 43, die einen Mittelwert von 28,67 ergeben (aufgerundet). Haben alle Mittelwerte die gleiche Wahrscheinlichkeit oder kommen einige häufiger vor als andere? Die Antwort ist, dass einige häufiger auftauchen, weil (wie wir im vorigen Kapitel gesehen haben) die Mittelwerte dazu neigen, einem Normalverteilungsmuster zu folgen. Die Verteilung der Mittelwerte der Ziehungen zwischen dem 17. Oktober 1985 und dem 31. Dezember 2009 ist im folgenden Histogramm dargestellt:

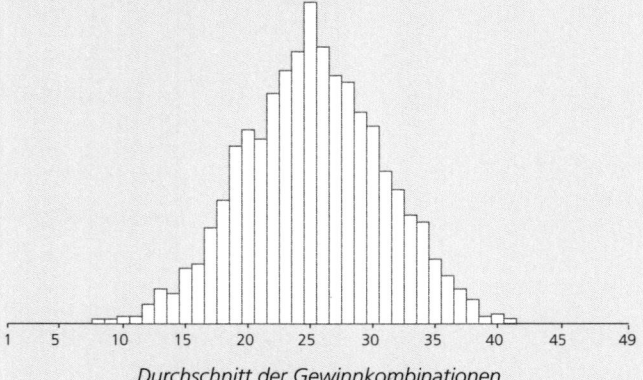

Durchschnitt der Gewinnkombinationen

Es ist viel wahrscheinlicher, dass der Mittelwert zwischen 20 und 30 liegt als zwischen 5 und 15. Warum also nicht immer auf die Kombinationen setzen, die einen Mittelwert zwischen 20 und 30 aufweisen? Weil es viel mehr Kombinationen gibt, die diese Mittelwerte haben und weil die Wahrscheinlichkeit, die richtige Kombination zu tippen, immer die gleiche ist. Mit anderen Worten, wenn es 1.000 Zahlen in einer Ziehung gibt, was ist wahrscheinlicher: eine Zahl zwischen 500 und 550 oder eine Zahl außerhalb dieses Intervalls? Letzteres ist natürlich wahrscheinlicher, aber das bedeutet nicht, dass eine Zahl innerhalb dieser Grenzen eine geringere Chance aufzutauchen hat als eine Zahl, die außerhalb davon liegt.

Es hört sich komisch an, dass es vom Wohnort abhängig sein soll, ob jemand zu einer Familie gehört oder nicht. Familie kann auch im weiteren Sinne verstanden werden, wie zum Beispiel bei Hochzeiten, wenn wir über die Familien der Braut und des Bräutigams sprechen, wo leicht mehrere Dutzend Mitglieder zusammenkommen können.

Ist ein Haushalt dasselbe wie ein Haus? Sicher nicht, denn wenn dort niemand wohnt, kann es kein Haushalt sein. Wenn es sich um ein Wochenendhaus handelt oder es nur im Urlaub genutzt wird, dann kann es sicherlich auch nicht als Haushalt betrachtet werden. Wie sieht es mit einer Studentenwohnung aus, die nur während des Semesters belegt ist – ist das ein Haushalt? Ein Haushalt scheint mit einer Familie verknüpft zu sein, oder ist das nicht notwendig? Daher ist es unerlässlich, sich darauf zu einigen, was unter einem Haushalt verstanden wird.

Die Bedeutung einer Internetverbindung ist offensichtlich weniger verwirrend. Es spielt keine Rolle, ob sie über ein Modem oder Breitband eingerichtet ist. Es gibt jedoch Häuser, die eine drahtlose Verbindung haben, weil Ihr Nachbar sie eingerichtet und nicht geschützt hat oder weil Sie in der Nähe der Bibliothek oder in einer kostenlosen WLAN-Zone wohnen. Sollten diese Häuser als mit einer Internetverbindung gezählt werden oder nur diejenigen, die dafür bezahlen?

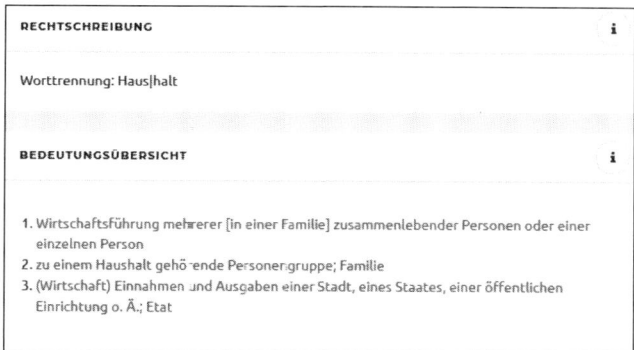

Definition von „Haushalt" in einem Wörterbuch.

Nehmen wir an, ein Haushalt ist definiert als ein Haus, in dem ein oder mehrere verwandte Personen die meiste Zeit des Jahres leben, und dass es darum geht, ob sie einen Internetanschluss haben, der tatsächlich von ihnen bezahlt wird.

Wenn wir eine Stichprobe von 1.000 aus einer Population von 100.000 Haushalten nehmen und feststellen, dass der Anteil derjenigen, die in der Stichprobe einen Internetanschluss haben, 51,9 % beträgt, bedeutet das, dass dies der genaue Prozentsatz für die gesamte Population ist? Offensichtlich lautet die Antwort „nicht unbedingt". Wenn wir anstelle der erfassten Stichprobe eine andere genommen hätten, wäre das Ergebnis zweifellos anders gewesen, es hätte zum Beispiel 50,7 % oder 52,3 % sein können.

Aus diesem Grund wird bei der Veröffentlichung der Ergebnisse einer solchen Studie nicht nur der Wert des geschätzten Anteils, sondern auch die angemessene Fehlerquote um diesen Wert herum berücksichtigt. Beispielsweise könnte das Ergebnis der Schätzung wie folgt angegeben sein: 51,9 % ± 2,3 %.

Die 2,3 %, die wir addieren oder subtrahieren, nennen wir den „Fehlerspielraum". Das bedeutet, dass wir, obwohl wir einen bestimmten Wert haben, nicht sicher sein können, ob der wahre Wert genau derselbe ist. Die Berechnung der Wahrscheinlichkeiten erlaubt uns, die Variabilität unserer Schätzung zu bestimmen und daraus den Fehlerspielraum zu berechnen (dies ist ein binomiales Verteilungsproblem; hier ist das Experiment, ein Haus und die beiden möglichen Ergebnisse zu betrachten: Es gibt eine Internetverbindung oder nicht).

Das Intervall, das den Fehlerspielraum beinhaltet, wird als „Konfidenzintervall" oder „Vertrauensintervall" bezeichnet. Können wir sicher sein, dass der wahre Wert in diesem Intervall liegt? Die Antwort lautet wieder einmal nein, wir können nicht sicher sein. Die Fehlertoleranz wird für ein bestimmtes Maß an Vertrauen berechnet; dieses Maß beträgt oft 95 %, was bedeutet, dass es nach einem Verfahren berechnet wurde, von dem wir wissen, dass es funktioniert. Es enthält in 95 % der Fälle den tatsächlichen Wert des angestrebten Anteils, aber wir können nicht sicher sein, ob das in unserem speziellen Fall funktioniert. Es ist, als ob eine Person, die für 95 % der Fälle Recht hatte, uns das Intervall mitgeteilt hätte. Wir können fast sicher sein, dass es wahr ist, aber nicht ganz sicher.

Konfidenzintervall von 95 %

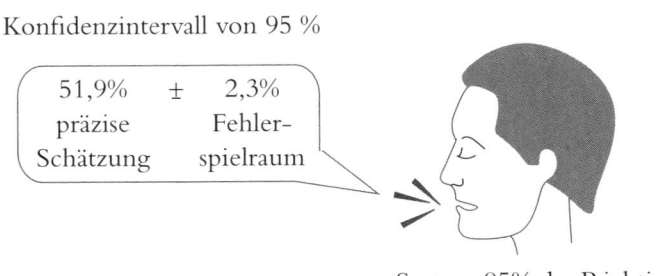

Sagt zu 95% das Richtige

Konzept der Konfidenzintervalle.

Es könnten auch Konfidenzintervalle von 99 % oder 99,9 % berechnet werden, aber das geschieht nicht oft, denn für eine bestimmte Stichprobengröße ist bei größerem Konfidenzniveau auch der Fehlerspielraum größer. Es ist wenig hilfreich, mit großer Sicherheit sagen zu können, dass der von uns gesuchte Anteil im Intervall zwischen 51,9 ± 40 % liegt. Um dies festzustellen, braucht man keine Studie. Wenn wir das Vertrauen bei gleichbleibendem Fehlerspielraum erhöhen wollen, können wir nur den Stichprobenumfang erhöhen (Geld löst viele Probleme, auch dieses).

„Partei A liegt mit 3,6 Punkten vor Partei B"

Unter einer solchen Überschrift findet man häufig Texte wie den folgenden: „Würden heute Parlamentswahlen stattfinden, läge Partei A mit 3,6 Prozentpunkten vor Partei B, so die Schätzung durch die Organisation X. Vor drei Monaten war der Vorsprung 5 Dezimalpunkte geringer. Die Daten bestätigen einen positiven Trend für Partei A." Und irgendwo am Rand steht dann unter anderem, dass der Fehlerspielraum der Daten für die gesamte Stichprobe 64,5 % beträgt. Eine oberflächliche Analyse dieser Daten zeigt, dass nicht ganz sicher ist, dass Partei A vor Partei B liegt. Ergibt die Umfrage einen Stimmenanteil von 41,6 % für Partei A, zeigt der Fehlerspielraum, dass eine annehmbare Schätzung dieses Anteils zwischen 37,1 % und 46,1 % liegt, und wenn Partei B bei 38 % beginnt, sagen wir, dass das Intervall, in dem wir diesen Wert erwarten würden, zwischen 33,5 % und 42,5 % liegt. Daher könnte es nach den in der Umfrage angegebenen Daten auch sein, dass Partei A 39 % und Partei B 40 % erhält.

Sicher ist, dass in keiner Weise eine positive Tendenz für Partei A bestätigt werden kann, wenn der Vorsprung vor drei Monaten 5/10 weniger war (in den Umfrageergebnissen, nicht in Wirklichkeit!).

Die Millionenfrage

Die Frage, die sich Menschen, die eine Umfrage durchführen, am häufigsten stellen, muss lauten: „Wie groß muss die Stichprobe sein, damit die Ergebnisse zuverlässig sind?". Die Antwort lautet: „Es kommt darauf an", und es kommt auf Folgendes an:

1. Auf die Genauigkeit, die wir von unseren Ergebnissen erwarten, d. h. den Fehlerspielraum, den wir zu akzeptieren bereit sind. Wenn wir wollen, dass der Fehlerspielraum 1 % beträgt, brauchen wir eine größere Stichprobe als für einen Fehlerspielraum von 4 %.

2. Auf die Sicherheit, den so genannten „Konfidenzgrad" oder „Vertrauensgrad", mit der wir die Schätzung vornehmen wollen. Wenn wir uns auf ein Konfidenzniveau von 80 % einigen, benötigen wir eine kleinere Stichprobe als wenn das Intervall 95 % betragen soll.

3. Auf den tatsächlichen Wert des Anteils, den wir schätzen wollen. Auch wenn dies zunächst etwas seltsam erscheinen mag, ist es doch logisch, dass es so sein sollte. Wenn es keine Variabilität in der Population gibt (100 % der Artikel sind gleich), brauchen wir nur einen Artikel, um alle zu kennen. Wenn alle Kugeln in einem Topf weiß sind (oder alle schwarz), brauchen wir nur eine Kugel herauszunehmen, um herauszufinden, welche Farbe alle von ihnen haben. Je größer die Variabilität, desto größer ist der Umfang der benötigten Stichprobe. Der günstigste Fall liegt vor, wenn der Anteil 50 % beträgt. Wir nehmen also einen Wert für diesen Anteil an und versuchen, auf der hohen Seite zu irren. Wenn wir nichts wissen oder konservativ sein wollen, gehen wir davon aus, dass es 50 % sind, dann können wir sicher sein, dass die Stichprobe nicht größer sein muss als das, was wir erhalten. Wenn wir wissen, dass der Anteil, den wir suchen, niedriger ist (z. B. der Prozentsatz der Haushalte, die ein Faxgerät haben), könnten wir sicherheitshalber davon ausgehen, dass es 20 % sind (es sind zweifellos weniger).

4. Von der Größe der Population. Wenn die Population klein ist (angenommen bis zu 100.000 Individuen) und der Fehlerspielraum, nach dem wir suchen, ebenfalls gering ist (1 % oder 2%), wird mit zunehmender Größe der Population auch eine größere Stichprobe benötigt. Bei großen Populationen oder Fehlerspielräumen von 5 % oder mehr ist der Einfluss der Populationsgröße jedoch kaum spürbar. Bei diesem Thema kann es eine ganze Reihe von Missverständnissen geben, auf die wir später noch näher eingehen werden.

DIE STICHPROBENGRÖSSE

Falls Sie sie irgendwann benötigen sollten: Die Formel, anhand derer Sie die Stichproben-größe bestimmen, lautet:

$$n = \frac{z_{\alpha/2}^2 \, p \, q \, N}{E^2 N + z_{\alpha/2}^2 \, p \, q}.$$

Dabei gilt:

$Z_{a/2}$ ist der mit dem Konfidenzintervall verknüpfte Wert. Im gebräuchlichsten Fall, nämlich 95 %, beträgt er 1,96. Manchmal ist er 2, dann entspricht er einem Konfidenzintervall von 95,5 %.

p ist der Anteil, den wir schätzen wollen.

$q = 1 - p.$

E ist der Fehlerspielraum.

N ist die Populationsgröße.

Jetzt brauchen wir nur noch eine Tabellenkalkulation, um mit dem Testen zu beginnen und zu überprüfen, was mit der Größe der Stichprobe passiert, wenn das Vertrauen steigt oder sich der Fehlerspielraum ändert oder welche Auswirkungen eine der beteiligten Variablen hat. Wir können auch eine Tabelle wie die folgende erstellen, in der fast alles für uns erledigt wird.

Populationsgröße	Fehlerspielraum					
	±1 %	±2 %	±3 %	±4%	±5 %	±10%
500	467	414	341	273	218	81
1 000	906	706	517	376	278	88
1 500	1 298	924	624	429	306	91
2 000	1 656	1 092	696	462	323	92
2 500	1 984	1 225	748	485	333	93
3 000	2 286	1 334	788	501	341	94
3 500	2 566	1 425	818	513	347	94
4 000	2 824	1 501	843	522	351	94
4 500	3 065	1 566	863	530	354	95
5 000	3 289	1 623	880	536	357	95
6 000	3 693	1 715	906	546	362	95
7 000	4 049	1 788	926	553	365	95
8 000	4 365	1 847	942	559	367	95
9 000	4 647	1 896	954	563	369	96
10 000	4 899	1 937	965	567	370	96
15 000	5 856	2 070	997	578	375	96
20 000	6 489	2 144	1 014	583	377	96
25 000	6 939	2 191	1 024	587	379	96
50 000	8 057	2 291	1 045	594	382	96
100 000	8 763	2 345	1 056	597	383	96
500 000	9 423	2 390	1 065	600	384	97
1 000 000	9 513	2 396	1 066	600	384	97
1 500 000	9 543	2 398	1 067	600	385	97
2 000 000	9 558	2 399	1 067	601	385	97
50 000 000	9 602	2 401	1 068	601	385	97

*Tabelle mit den für ein Konfidenzniveau von 95 % und ungünstigsten Fall
mit p = q = 0,5 erforderlichen Stichprobengrößen.*

Überraschung: Die Größe der Stichprobe hängt nicht von der Größe der Population ab!

Es existieren einige Annahmen zu den Stichprobengrößen, die zwar weit verbreitet, aber völlig falsch sind. So gibt es beispielsweise gelegentlich Fragen zu den Ergebnissen einer Umfrage, die das Argument benutzen: „Die Stichprobe ist nicht repräsentativ, sie deckt nicht einmal 10 % der Population ab". Zahlen wie 10 % sind, wie jede andere Zahl auch, völlig willkürlich. Professor Roberto Behar von der Universidad del Valle in Cali, Kolumbien, erklärt es mit einigen leicht verständlichen Analogien.

Fehlt der Suppe Salz?

Um eine Suppe zuzubereiten, brauchen wir einen Topf. Angenommen, es ist ein kleiner Topf. Um festzustellen, ob Salz fehlt, probieren wir mit einem Löffel. Wenn wir eine Familienfeier haben und vielleicht ein Dutzend Familienmitglieder anwesend sind, müssen wir die Suppe in einem viel größeren Topf zubereiten: sechsmal größer. Brauchen wir dann auch einen Löffel, der sechsmal größer ist, um die Suppe abzuschmecken? Natürlich nicht. Wir verwenden immer den gleichen Löffel und schlürfen die Suppe immer auf die gleiche Weise, egal, ob der Topf groß oder klein ist. Die Größe der Stichprobe hängt nicht von der Größe der Population ab.

Unabhängig von der Größe des Topfs müssen wir die Suppe einfach gut umrühren, um eine homogene Flüssigkeit zu erhalten und sicherzustellen, dass jede mögliche Stichprobe für den Inhalt des Topfs repräsentativ ist. Es überrascht nicht, dass es viel wichtiger ist, gut zu rühren, als den Löffel zu vergrößern. Und wir wissen auch, dass der Fehler, nicht zu rühren, nicht mit einem größeren Löffel ausgeglichen werden kann. Wenn die Stichprobe nicht repräsentativ ist, löst eine Vergrößerung ihres Umfangs das Problem nicht. Überhaupt nicht.

Welche Blutgruppe habe ich?

Ein Tropfen Blut reicht aus, um die Blutgruppe eines Menschen eindeutig zu identifizieren, da jeder Tropfen Blut einer Person vom gleichen Typ ist. Hat man einen gesehen, hat man alle gesehen. Dies zeigt erneut, dass die Auswirkungen der Einheitlichkeit viel wichtiger sind als die Größe der Population. Für ein Neugeborenes, das nur ein paar Pfund wiegt wird zur Bestimmung der Blutgruppe die gleiche Menge Blut benötigt wie für seinen Vater, der viel mehr wiegt.

Aber das intuitive Argument ist nicht das einzige. Wir können die Formel auch verwenden, um zu überprüfen, wie das Verhältnis zwischen der Größe der Stichprobe und der Größe der Population ist.

LINKSHÄNDER STERBEN FRÜHER (ODER SPÄTER?)

Am 4. April 1991 veröffentlichte die *Washington Post* auf ihrer Titelseite einen Artikel über eine Studie, die zeigte, dass Linkshänder im Durchschnitt neun Jahre früher sterben als Rechtshänder. Die Studie basierte auf der Untersuchung von Todesfällen in zwei kalifornischen Bezirken, wobei geprüft wurde, ob die verstorbenen Personen links- oder rechtshändig waren. Während Rechtshänder häufig sehr alt wurden, war dies bei Linkshändern weit weniger häufig der Fall.

Die Nachricht erregte großes Aufsehen und die Ergebnisse waren schnell erklärt: Es wurde behauptet, dass Linkshänder anfälliger für bestimmte Arten von Krankheiten und schwere Unfälle seien. Eine der Ursachen könnte sein, dass Maschinen, die wir von Tag zu Tag ganz selbstverständlich benutzen, für Rechtshänder entwickelt und hergestellt werden. Für Linkshänder führt dies zu Fehlanpassungen, Unfällen usw., folglich zu einer erheblichen Verkürzung der Lebenserwartung.

Im Februar 1993 jedoch veröffentlichte das *American Journal of Public Health* einen rigorosen und gut dokumentierten Artikel, der alles zurechtrückte: Der Unterschied des Todesalters konnte vollständig durch den Unterschied in der Altersstruktur von Rechts- und Linkshändern erklärt werden. Wenn zu Beginn des 20. Jahrhunderts ein Kind die Tendenz zeigte, mit der linken Hand zu essen oder zu schreiben, wurde es gezwungen, dies mit der rechten Hand zu tun, sodass es bei der Durchführung der Studie nur sehr wenige alte Linkshänder gab (und somit nur sehr wenige Menschen dieses Alters starben). Nicht, weil sie das Alter nicht erreicht hatten, sondern weil sie nicht linkshändig sein durften!

Dieser Artikel erschien nicht auf den Titelseiten und bestätigt ein weiteres Mal, dass die überraschendsten und spektakulärsten Geschichten immer größere Aufmerksamkeit erfahren. Dieser Fall zeigt auch, wie einfach man mit wenigen Daten Manipulatonen betreiben kann und wie leicht es ist, glaubwürdige Gründe zu finden, um diese zu rechtfertigen.

Wenn die Population klein ist, wächst die Stichprobe mit zunehmender Population schnell, bleibt aber ab einem bestimmten Wert praktisch stabil.

Für einen Fehlerspielraum von 3 % und ein Konfidenzniveau von 95% in einer Population von etwa 10.000 Individuen wird eine Stichprobe von etwa 1.000 Individuen benötigt. Ab diesem Wert wächst der erforderliche Stichprobenumfang sehr gering. Für eine Population von 100.000 Individuen wird eine Stichprobe von 1.056 benötigt, für 1 Million muss der Stichprobenumfang 1.066 und für 50 Millionen muss er 1.068 betragen. Wir benötigen für eine kleine Stadt den gleichen Stichprobenumfang wie für ein ganzes Land.

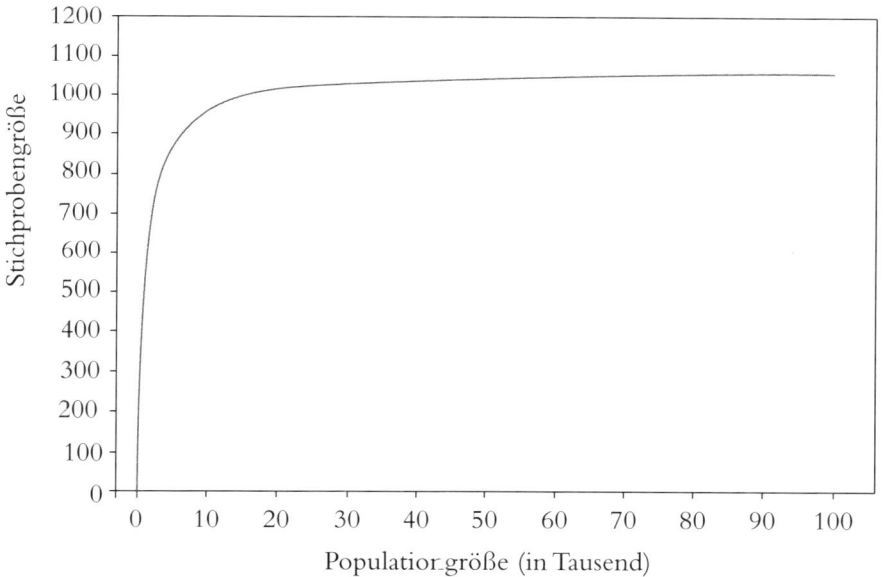

Die Korrelation von Populationsgröße und Stichprobengröße für einen Fehlerspielraum von 3 % und ein Konfidenzniveau von 95 %.

Es muss jedoch unbedingt sichergestellt werden, dass die Stichprobe repräsentativ ist. Wenn dies garantiert werden kann, die Suppe also ordentlich umgerührt ist, spielt die Größe des Löffels keine Rolle.

Die Macht des Zufalls

Manchmal gehen Berichte über die Ergebnisse einer Umfrage ganz genau auf die Berechnungen der Konfidenzniveaus ein, aber sie erklären kaum, wie die Stichprobe gewonnen wurde, oder aber sie erklären es und es wird offensichtlich, dass die Stichprobe nicht zufällig ist. Die gesamte Mathematik hinter diesen Berechnungen basiert auf einigen wenigen Bedingungen, die nur erfüllt sind, wenn die Stichprobe zufällig ist. Ist dies nicht der Fall, wird ihnen eine Bedeutung zugeschrieben, die sie nicht haben; dann ist das Vertrauen falsch, egal, wie gut die Berechnungen durchgeführt werden.

Die beste Methode, eine Zufallsstichprobe auszuwählen, besteht darin, eine Liste aller Individuen in der Population zu verwenden, davon eine Stichprobe nach dem Zufallsprinzip auszuwählen und diese Menschen aufzusuchen: eine Uhrzeit und ein Datum für eine Befragung zu vereinbaren, sie zu treffen usw. Das Problem ist, dass dies sehr teuer ist. Eine weitere Möglichkeit ist die Auswahl von Haushalten; dies ist einfacher, aber tagsüber sind berufstätige Menschen nicht zu Hause und abends wollen sie nichts mit Interviewern zu tun haben. Und wenn Sie auf den Abend warten müssen, um ein Interview zu führen, werden Sie an einem Tag wenig schaffen.

Völlig zufällige Stichproben haben den Vorteil, dass die statistischen Schätzverfahren sehr gut funktionieren, aber wie bereits erwähnt, haben sie den Nachteil, teuer zu sein. Es gibt andere Varianten, jede mit ihren Vor- und Nachteilen, wie z. B. geschichtete Stichproben (die Population wird in Schichten aufgeteilt und die Stichproben werden diesen Schichten entnommen, was bei geringer Variabilität effizienter ist) oder gehäufte Stichproben (z. B. werden anstelle von Einzelpersonen ganze Wohnblöcke ausgewählt und alle Bewohner befragt, was billiger ist als die Befragung von Personen, die geografisch verstreut sind). Unternehmen, die in diesem Bereich tätig sind, wissen, wie man eine notwendige Zuverlässigkeit auf eine wirtschaftlich vertretbare Weise erreicht. Es muss jedoch immer darauf geachtet werden, dass die Stichprobe repräsentativ ist. Nachlässigkeit in dieser Phase kann zu berüchtigten Misserfolgen führen.

Die Umfrage, die die Umfragen geändert hat: Landon gegen Roosevelt

Bei den Präsidentschaftswahlen 1936 in den USA war Alf Landon der Kandidat für die Republikaner, Franklin D. Roosevelt der Kandidat für die Demokraten. Der

Literary Digest, eine seinerzeit angesehene und einflussreiche Zeitschrift, die für vorhergehende Testwahlen erfolgreich Prognosen getroffen hatte, führte die größte Wahlumfrage der Geschichte durch. Sie verschickte rund 10 Millionen Fragebögen per Post, wobei sie die Adressen aus den Listen der Autobesitzer und aus Telefonbüchern auswertete. Etwa 2.300.000 Antworten kamen zurück. Aus ihnen wurde geschlossen, dass Landon jeweils drei Stimmen bekäme, wo Roosevelt nur zwei gewinnen würde.

Wie Sie vielleicht schon erraten haben, hat Roosevelt gewonnen – und zwar mit großem Vorsprung (60,8 % der Stimmen). Der Fehler entstand, weil die Stichprobe, aus der die Ergebnisse geschätzt wurden, nicht repräsentativ für die allgemeine Wählerschaft war. 1936 waren Autos und Telefone nur für die reicheren Klassen verfügbar (die dazu neigten, republikanisch zu wählen). Der Aufwand war enorm, das Scheitern umso mehr.

Im Gegensatz zu dieser Studie schätzte ein von George Gallup gegründetes Unternehmen das Ergebnis korrekt ein, indem es weniger als 5.000 Personen befragte, aber sicherstellte, dass die Stichprobe repräsentativ war. Man hatte die Lektion gelernt: Umfragen sollten nie wieder mit „roher Gewalt" durchgeführt werden; das Unternehmen von Herrn Gallup wurde zum Maßstab für Fairness bei Meinungsumfragen.

Umstrittene Ziehungen für den Militärdienst

Bei der Suche nach einer Stichprobe oder nach nur einer Zahl nach dem Zufallsprinzip müssen die Details berücksichtigt werden, da sonst unvorhersehbare Probleme auftreten können. Ein von Fachleuten oft zitierter Fall ist die Ziehung für die Einberufung zum Militärdienst in den USA, konkret im Fall des Vietnamkriegs.

Es war das erste Mal, dass eine solche Ziehung durchgeführt wurde. In jede Box wurden 366 Kapseln gelegt, jede mit dem Datum eines Tages des Jahres. Zuerst wurden die 31 für den Monat Januar eingelegt, dann die 29 für den Februar und so weiter bis zu den 31 Kapseln für Dezember. Sie wurden gemischt und dann wurden Namen daraus gezogen. Diejenigen, die an dem Datum geboren wurden, das zuerst gezogen wurde, waren die ersten, die aufgerufen wurden, dann die, die an dem Datum geboren wurden, das an zweiter Stelle herausgenommen wurden, und so weiter bis zum Ende.

Das Problem entstand, weil die Kapseln scheinbar nicht richtig gemischt wurden. Die Daten im Dezember, also die letzten, die hinzugefügt wurden, blieben oben und kamen in einem Verhältnis heraus, das zu groß war, um zufällig zu sein, während die vom Januar unten blieben und gegen Ende herauskamen, sodass die im Dezember geborenen Männer rekrutiert und in einer größeren Anzahl nach Vietnam geschickt wurden als die im Januar geborenen. Die Medien erkannten das Problem und monierten die Ergebnisse, aber sie blieben unverändert. Das System wurde jedoch im folgenden Jahr geändert und die Ziehung erfolgte wirklich zufällig.

In Europa, genauer gesagt in Spanien, ist etwas Ähnliches passiert. Im Jahr 1997 gab es 165.342 Jugendliche im Einberufungsalter für den Militärdienst, aber es gab nicht genug Platz für alle. Es waren 16.442 zu viele, sodass per Los entschieden wurde, wer von der Einberufung ausgeschlossen werden sollte. Jedem Mann wurde eine Nummer zugewiesen, wobei die Idee war, eine Nummer nach dem Zufalls- prinzip zu ziehen, worauf die Person mit dieser Nummer wie auch die ihr folgen- den 16.441 ausgeschlossen würden. Das Problem lag in der Art und Weise, wie eine Zahl aus den 165.342 zufällig ausgewählt wurde.

Zuerst wurde eine Zahl aus einer Trommel entnommen, die 0 und 1 enthielt, um zu entscheiden, ob die Zahl zwischen 1 und 99.999 (wenn eine 0 gezogen wurde) oder zwischen 100.000 und 165.342 (wenn eine 1 gezogen wurde) liegen sollte. Gezogen wurde die 1. Als nächstes wurde eine Zahl von 1 bis 9 aus einer zweiten Trommel gezogen, die 8. Da die Zahl etwas über 180.000 gelegen hätte, größer als man wollte, wurde eine weitere Kugel herausgenommen, bis eine Zahl kleiner oder gleich 6 auftauchte. Probleme? Ja, die Wahrscheinlichkeit einer Zahl zwischen 1 und 99.999 war die gleiche wie die zwischen 100.000 und 165.342, aber im ersten Fall gibt es mehr Werte als im zweiten, was bedeutet, dass für einige die Wahrschein- lichkeit, freigestellt zu werden, 8,2 % betrug, während sie für die anderen 12,6 % betrug, mehr als 50 % mehr.

Informelle Umfragen

Eine Berufsgenossenschaft sendet einen Brief an ihre Mitglieder, in dem sie sie auf- fordert, einen Fragebogen zur ihrer Arbeit und ihrem Jahreseinkommen auszufüllen. Ziel ist es, einen Bericht zu erstellen, der für die Mitglieder selbst als Referenz für die Aushandlung ihrer Gehälter nützlich ist. Sie werden nach der Art des Unter- nehmens gefragt, in dem sie arbeiten – multinational, familiär, groß, klein, mit einer langen Geschichte, kürzlich gegründet usw. –, nach der Branche, ihrer Position, wie lange sie die Position innehaben – im Unternehmen, im Beruf usw. –, und schließlich, wie hoch ihr festes Bruttogehalt ist und welche Zulagen sie üblicher- weise erhalten. Der Brief enthält einen frankierten Umschlag für die Rücksendung des Fragebogens per Post. Insgesamt 357 Mitglieder antworteten auf insgesamt 5.000 versendete Briefe, die Schlussfolgerungen haben einen Konfidenzgrad von 95 % und einen Fehlerspielraum von 5 %.

Selbst wenn wir uns auf die Tabelle der Stichprobengrößen beziehen, erkennen wir, dass die Zahlen passen. Das Problem lautet hier jedoch, dass die Stichprobe nicht zufällig ist und daher keiner der Werte sinnvoll sein kann. Selbst ausgewählte Stichproben (wir bitten jemanden Beliebigen um Auskünfte) können niemals als zufällig angesehen werden. Es kann sein, dass diejenigen, die in Führungspositionen arbeiten, sehr beschäftigt sind, viel reisen und daher keine Zeit haben, auf diese Art von Fragebogen zu antworten, oder es kann sein, dass diejenigen, die spät nach Hause kommen oder diejenigen, die sehr wenig verdienen oder arbeitslos sind, keine Lust haben, sich mit diesem Thema zu beschäftigen. Es kann auch sein, dass diejenigen, die eine Gehaltsstruktur haben, die nicht zu der im Fragebogen vorgesehenen passt, abgeschreckt werden. Kurz gesagt, es handelt sich nicht um eine Zufallsstichprobe, deshalb können die mathematischen Schlussfolgerungen, die auf diesen Stichproben basieren, nicht angewendet werden.

Das Gleiche gilt für Fragebögen, die wir manchmal in Hotelzimmern finden, um unsere Meinung über die Einrichtungen oder die Qualität der Dienstleistung zu erfahren. Zweifellos werden nur diejenigen antworten, die besonders unzufrieden sind und ihren Ärger im Fragebogen kundtun wollen, oder diejenigen, die für etwas dankbar sind und es schriftlich festhalten wollen (und vielleicht diejenigen, die zu viel Zeit haben und es deshalb ausfüllen). Die gesammelten Informationen können nützlich sein, um Dinge zu identifizieren, die gut oder schlecht laufen, aber nicht, um zuverlässige Statistiken über die Meinungen der Gäste zu sammeln, die in diesem Raum gewohnt haben.

Auf die Straße gehen, mit dem Mikrofon in der Hand (und der Kamera auf der Schulter), um herauszufinden, was die Leute über ein umstrittenes Thema denken, mag eine Nachrichtensendung dynamischer und unterhaltsamer machen, aber es hilft nicht, die wahre Meinung der Bürger herauszufinden.

Ja oder ja? Der Einfluss gut gestellter Fragen

Die Art und Weise, wie die Fragen formuliert werden, die Reihenfolge, in der sie gestellt werden, oder die Betonung bestimmter Wörter können die Antworten beeinflussen. Wenn eine „richtige" Antwort angedeutet wird, neigt der Befragte dazu, so zu antworten, wie es der Interviewer seiner Meinung nach hören möchte.

Als ich mit einem Kollegen, der ebenfalls in der Statistik arbeitet, Sommerkurse zu unserem Thema durchführten, haben wir anhand eines Fragebogens den Teilnehmern demonstriert, wie die Art der Fragestellung die Antwort beeinflusst. Wir haben ihnen mitgeteilt, dass wir ihre Meinung zu einem zukünftigen, neuen Gesetz zur Finanzierung politischer Parteien wissen wollten, und wir verteilten Blätter, die alle gleich aussahen, aber bei den einen war die Frage in der einen, bei den anderen in der anderen Richtung formuliert.

Sind Sie der Meinung, dass es ein Gesetz geben sollte, das verhindert, dass finanzstarke Gruppen große Geldsummen zu Wahlkampagnen beisteuern?

☐ JA ☐ NEIN

Sind Sie der Meinung, dass es Unternehmen und Organisationen erlaubt sein sollte, auf kontrollierte und transparente Weise Spenden an Parteien zu tätigen, um sie bei Wahlkampagnen zu unterstützen?

☐ JA ☐ NEIN

Zwei Möglichkeiten, eine Frage zur Finanzierung politischer Parteien zu stellen.

Fast alle Teilnehmer antworteten mit „Ja", unabhängig davon, welche Frage sie erhielten. Einige sagten „Ja" zu „verhindern, dass finanzstarke Gruppen große Summen beisteuern", die anderen zu „Unternehmen erlauben, Spenden zu tätigen". Sie haben es erkannt: Je nachdem, welche Antwort Sie haben möchten, können Sie die Frage anders stellen und das Problem ist gelöst. Die Frage ist ebenso wichtig wie ihre Formulierung, deshalb sollten die genauen Fragen zusammen mit den Ergebnissen veröffentlicht werden.

Das Telefon läutet … aber Sie sind nicht zu Hause: Telefonumfragen

Die einfachste und bequemste Art der Befragung sind Telefonumfragen, aber sie haben auch ihre offensichtlichen Unannehmlichkeiten. Telefone stehen fast jedem zur Verfügung, zumindest in technisch erschlossenen Gebieten, aber ein neues Problem könnte darin bestehen, dass junge Familien nur Mobiltelefone benutzen, sodass ihre Nummer nicht in Telefonbüchern erscheint und sie deswegen erst gar nicht für dieses Verfahren ausgewählt werden.

Es ist zu prüfen, ob die Tatsache, dass Haushalte ohne Festnetzanschluss nicht befragt wurden, die Antwort beeinflussen kann. Die Uhrzeit für das Telefonat, in dem wir Sie bitten, uns Ihre Meinung mitzuteilen, sowie die Methode, wie wir diejenigen ersetzen können, die nicht antworten wollen, sind ebenfalls sehr wichtig. Ein Mangel an Sorgfalt in diesem Stadium kann zu schwerwiegenden Fehlern in den Prognosen führen, da die Stichprobe nicht repräsentativ ist.

Ein Sonderfall: Wahlumfragen

Wahlumfragen sind eine der umstrittensten Anwendungen von Statistiken (und sie kommen nicht immer gut weg). Diese Art von Studien sind einzigartig im Hinblick auf das Interesse, das sie hervorrufen, und weil wir (im Gegensatz zu anderen Fällen) letztlich immer den wahren Wert der geschätzten Parameter (das Ergebnis der Wahl) herausfinden. Das Problem ist, dass es neben den üblichen Schwierigkeiten bei der Suche nach Stichproben auch andere spezifische Schwierigkeiten gibt. Werfen wir einen Blick darauf.

Änderung der Wahlabsichten

Die Ergebnisse basieren auf Umfragen, die mehrere Tage oder sogar Wochen vor den Wahlen durchgeführt wurden. In einigen Ländern ist es verboten, Wahlergebnisse während eines bestimmten Zeitraums vor den Wahlen zu veröffentlichen.

Es gibt also zwei Arten der Extrapolation: diejenige, die aus der Stichprobe der Population gebildet wird, welche der Theorie der statistischen Stichprobennahme entspricht, sowie diejenige, die die Ergebnisse aus den Daten, mit denen die Umfragen durchgeführt wurden, verallgemeinert und die Ergebnisse für den Tag der Wahl projiziert.

Aber die Parteien sind in ihrem Wahlkampf sehr agil. Es finden Debatten zwischen den Kandidaten statt und es können Ereignisse auftreten, die die Meinung der Wähler beeinflussen. All dies kann sich auf die Abstimmungsabsicht auswirken, insbesondere bei denen, die zum Zeitpunkt der Umfrage noch unsicher sind, für wen sie stimmen sollen.

Wen wählt der Unentschlossene?

Die Unentschlossenen stellen ein großes Problem für die Verantwortlichen bei der Durchführung von Wahlumfragen dar. Nicht selten liegt der Prozentsatz derjenigen, die noch nicht wissen, für wen sie stimmen werden, zwischen 20 % und 50 % der Befragten. In diesen Fällen werden die Stimmen nach Antworten auf Fragen wie „Welche Partei zieht Sie mehr an" und „Welcher Partei fühlen Sie sich näher" sowie „Welche Partei haben Sie bei den letzten Wahlen gewählt" vergeben. Wir sprechen von einem professionellen „Raten", für welche Partei jemand stimmen wird, obwohl er es selbst noch nicht weiß.

WIE MAN VERTRAULICHE INFORMATIONEN ERHÄLT, OHNE DASS DER BEFRAGTE ES MERKT

Bei einem sozial inakzeptablen oder sehr individuellen Verhalten kann man sich sehr leicht vom Befragten täuschen lassen. Es gibt jedoch Möglichkeiten, diese Informationen unter Wahrung der Privatsphäre des Befragten zu erhalten, auch in Anwesenheit des Interviewers. Nehmen wir zum Beispiel an, es ist peinlich, mit „Ja" zu antworten. Damit der Befragte angstfrei sprechen kann, könnten wir Folgendes tun:

1. Bitten Sie ihn, eine Karte aus einem Deck auszuwählen, bei dem die Hälfte rot und die andere schwarz ist. Nur er sieht sich die Karte an und legt sie dann in das Deck zurück.

2. Wenn er eine rote Karte ausgewählt hat, antwortet er „Ja", wenn er schwarz gezogen hat, antwortet er auf die ihm gestellte Frage, so wie er möchte.

Antwortet er mit „Ja", kann der Interviewer nicht wissen, ob eine rote Karte vorlag oder ob der Befragte von sich aus auf die Frage geantwortet hat. Auf diese Weise wird die Vertraulichkeit garantiert.

Wenn 1.000 Interviews durchgeführt werden und 612 Personen mit „Ja" antworten, werden etwa 500 Personen dies tun, weil sie eine rote Karte gezogen haben. Diese Antworten können ignoriert werden. Von den anderen 500, denjenigen, die wirklich auf die Frage geantwortet haben, haben 112 positiv geantwortet, also beträgt unsere Schätzung $112/500 = 22{,}4\ \%$.

Es ist klar, dass die Zuordnung unentschlossener Stimmen an die eine oder andere Partei eine Aufgabe von entscheidender Bedeutung ist. Ihr Erfolg hängt mehr vom Wissen über Soziologie und Politik ab als von der Statistik.

Unehrliche Antworten

Ein weiterer kritischer Aspekt ist, wie die zu stellenden Fragen verfasst und in welcher Reihenfolge sie gestellt werden. Klare Fragen zu formulieren, die nicht dazu neigen, vorgegebene Antworten zu enthalten, ist keine leichte Aufgabe und erfordert gute Kenntnisse der Fragetechnik sowie gut ausgebildete und hoch motivierte (d. h. gut bezahlte!) Interviewer.

Manchmal gibt es Bedingungen der individuellen Meinungsfreiheit, die die Antworten der Bürger mehr oder weniger glaubwürdig machen und die Menge der so genannten „Unentschlossenen" vergrößern oder verkleinern, weil sie vielleicht „Unentschlossen" sagen, während sie in Wirklichkeit vielleicht einfach nicht sagen wollen, welche Meinung sie haben.

Vom Prozentsatz der Stimmen zur Anzahl der Sitze

Häufig ist weniger der Prozentsatz der Stimmen interessant, den jede Partei erhalten wird, als vielmehr die Anzahl der Sitze. Die Systeme, die zur Verteilung der Sitze auf der Grundlage des Prozentsatzes der Stimmen verwendet werden, haben die Dinge verkompliziert. Betrachten wir zum Beispiel eine spezifische Wahlsituation, bei der fünf Sitze auf dem Spiel stehen, dann können wir mit 95%iger Sicherheit vorhersagen, dass eine bestimmte Partei 32 % der Stimmen mit einem Fehlerspielraum von 3 % erhalten wird. Das Problem ist, dass, wenn sie 31 % erhält, die Partei einen Sitz bekommt, während sie bei 33 % zwei Sitze erhält. Dies ist ein wichtiger Unterschied, der sich jedoch anhand der verfügbaren Informationen nicht erkennen lässt.

Ein weiteres Problem besteht darin, dass einige Gesetzgebungen einen Mindestprozentsatz an Stimmen (z. B. 5 %) verlangen, um in die Zuteilung der Sitze einbezogen zu werden. Wenn eine Partei an diesen Prozentsatz grenzt (z. B. wenn geschätzt wird, dass sie 4,6 % der Stimmen erhält), können wir nicht wissen, ob sie einbezogen wird oder nicht und ob das Ergebnis auch die Anzahl der Sitze für den Rest der Parteien beeinflusst wird.

Und die Statistik funktioniert doch!

Bei Wahlumfragen gibt es viele Schwierigkeiten, gute Prognosen zu treffen, die über die Probleme der Stichprobennahme hinausgehen (ganz zu schweigen von Manipulation und beeinflussten Ergebnissen). Es wäre zweckmäßig, ein Maß für die Häufigkeit und das Ausmaß zu haben, wie oft und in welchem Umfang ernsthafte Wahlumfragen scheitern (wir sprechen nicht von den unseriösen Umfragen), denn so wie uns die Medien lieber die schlechten Nachrichten präsentiert, so wird immer mehr Aufmerksamkeit auf die Fehler in den Prognosen gelenkt, als dass die Richtigkeit von Prognosen anerkannt würde. Selbst im akademischen Umfeld ist es sensationeller, manchmal lehrreicher und immer willkommener, zu veranschaulichen, wie es nicht gemacht werden sollte, als Beispiele dafür zu nennen, wann die Prognosen gut funktioniert haben.

Es kann auch Umfragen geben, und es gibt sie auch, die von einer interessierten Gruppe erstellt werden, die versucht, die Meinung der Wähler zu beeinflussen. Die Erfahrung und Seriosität der für die Studie verantwortlichen Organisation sowie der Medien, in denen sie veröffentlicht wird, sind ebenfalls gute Indikatoren für das Vertrauen, das die Umfragen über die normalerweise im Schlüssel angegebenen 95 % hinaus verdienen.

Kapitel 4

Wie wir Entscheidungen treffen: Widersprüchliche Hypothesen

Ende der 1920er Jahre in Cambridge, Großbritannien: Eine Gruppe Professoren, ihre Ehefrauen und einige Gäste tranken Tee im Freien und genossen einen schönen Nachmittag. Mit der Tasse in der Hand und nach dem ersten Schluck kommentierte eine Dame, dass Tee einfach anders schmeckt, wenn der Tee vor oder nach der Milch eingegossen wird.

Mit äußerster Höflichkeit erklärte natürlich jemand, wie unmöglich diese Behauptung sei – und so begann die Diskussion, wobei man sich mit allen möglichen physikalischen und chemischen Argumenten beschäftigte: Die Zusammensetzung des resultierenden Produkts war die gleiche, unabhängig davon, ob der Tee oder die Milch zuerst eingegossen wurden, die gelösten Partikel waren schließlich exakt gleich, der Temperaturgradient hatte ebenfalls keinen Einfluss usw. Es war unmöglich, eine Tasse von einer anderen zu unterscheiden … oder vielleicht hatten sie etwas vergessen?

Einer der Anwesenden, ein 40-jähriger Mann namens Ronald Aylmer Fisher, schlug einen „revolutionären" Prozess zur Klärung der Angelegenheit vor: einen Test. Natürlich war es nicht mit nur einer Tasse pro Zubereitung getan, denn die Wahrscheinlichkeit, richtig zu liegen, läge bei mageren 50 %, und selbst wenn die richtige Entscheidung getroffen worden wäre, hätte man nicht gewusst, ob es Glück war oder ob die Dame wirklich in der Lage gewesen war, den Unterschied zu erschmecken. Wenn man ihr vier Tassen jeden Aufgusses zur Verfügung stellte, lag die Wahrscheinlichkeit, dass sie die richtige Aussage traf, 1 zu 70 (es gab 70 verschiedene Möglichkeiten, vier Objekte aus acht auszuwählen). Wenn sie also unter diesen Bedingungen richtig lag, konnten sie beweisen, dass sie den Unterschied zwischen einer Zubereitungsmethode und der anderen mit einer Fehlerwahrscheinlichkeit, die als klein anzunehmen war, erkennen konnte.

Fisher war damals bereits ein berühmter Professor und veröffentlichte 1935 einen Benchmark-Text, der den Wendepunkt in den Strategien zur Datenerfassung durch Experimente kennzeichnete. Das Buch heißt *The Design of Experiments*, in Kapitel 2 stellt es einige der wichtigsten Konzepte vor, die diesen Fall als roten Faden verwenden.

Die Argumentation hinter dem Teegeschmackstest

Nehmen wir zunächst an, dass die Teeverkosterin nicht weiß, wie sie das eine vom anderen unterscheidet. Dies halten wir für sehr wahrscheinlich. Wir glauben nur dann an ihre Fähigkeit, wenn die Daten aus einem gut durchdachten und kontrollierten Experiment der ursprünglichen Hypothese widersprechen. „Widersprechen" bedeutet, dass die Ergebnisse nicht sehr wahrscheinlich sind, wenn sie den Unterschied wirklich nicht erkennen kann, und wir selbst entscheiden, was „nicht wahrscheinlich" bedeutet: wenn sie weniger als 5 % der Zeit auftreten, weniger als 1 % oder weniger als ein beliebiger anderer Wert.

Wenn wir ihr nur Glauben schenken, wenn das Ergebnis des Experiments zufällig (durch Zufall, auf den die Dame keinen Einfluss hat) weniger als 5 % der Zeit eintritt, wäre ein Experiment, bei dem ihr drei Tassen jeden Aufgusses vorgesetzt werden, nutzlos, da es 20 Möglichkeiten gibt, drei Objekte aus sechs auszuwählen und nur eines korrekt ist. Dann liegt die Wahrscheinlichkeit, es zufällig richtig zu machen, bei 1 zu 20 oder 5 %. Es ist nicht schwer, das herauszufinden: Die erste Tasse kann aus sechs ausgewählt werden, die zweite aus fünf und die dritte aus vier, daher haben wir $6 \cdot 5 \cdot 4 = 120$ Möglichkeiten, drei Tassen auszuwählen. Bei dieser Berechnung haben wir jedoch die Reihenfolge berücksichtigt, in der sie gewählt wurden, d. h. unter der Annahme, dass wir die Tassen A bis F gekennzeichnet haben, haben wir die Auswahl von ADF als unterschiedlich zur Auswahl von FDA eingestuft. Um die wiederholten Fälle zu subtrahieren, müssen wir durch die Anzahl der möglichen Reihenfolgen mit drei Tassen $(3 \cdot 2 \cdot 1 = 6)$ dividieren. Daher ist die Anzahl der Möglichkeiten, drei Tassen aus einer Gruppe von sechs auszuwählen, gleich $120 / 6 = 20$. Wenn wir vier von jedem Typ haben, ist die Anzahl der Auswahlmöglichkeiten für die vier Typen: $8 \cdot 7 \cdot 6 \cdot 5 / 4 \cdot 3 \cdot 2 \cdot 1 = 70$. Da es nur eine Menge von vier gibt, bei denen der Tee vor der Milch hinzugegeben wurde, ist die Wahrscheinlichkeit, diese Menge nach dem Zufallsprinzip richtig zu erkennen, 1 zu 70, oder 1,4 %. Wenn die Verkosterin bei einer der vier ausgewählten Tassen einen Fehler macht, wäre es nicht mehr sinnvoll zu überlegen, ob sie den Unterschied erkennen kann, da die Wahrscheinlichkeit, dass dies der Fall ist, bei fast 23 % liegt.

Aber wir sollten unsere Energie nicht nur auf mathematisches Denken konzentrieren. Wir müssen auch den Details der Durchführung des Experiments große Aufmerksamkeit schenken und dürfen der Verkosterin beispielsweise keinerlei Hinweise geben. Fisher beschreibt dies und besteht darauf, dass die Tassen in zufälliger Reihenfolge präsentiert werden:

Unser Experiment besteht darin, acht Tassen Tee mit Milch zuzubereiten,
vier auf die eine und vier auf die anderen Weise, und die Tassen (in einer zufällig
gewählten Reihenfolge) zur Verkosterin zu bringen, damit sie ihre Meinung
äußern kann. Zu diesem Zeitpunkt wurde ihr bereits erklärt, woraus der Test
bestehen wird. Sie erhält acht Tassen für die Verkostung, vier von jedem Typ, in
einer zufällig ausgewählten Reihenfolge (bestimmt durch Würfel, Roulette,
Karten oder einfach durch Zahlen, die in irgendeiner Weise angezeigt werden).
Ihre Aufgabe besteht darin, die Tassen in zwei Gruppen von vier aufzuteilen, die
sie danach sortiert, ob zuerst der Tee oder die Milch eingeschüttet wurde.

Und was ist passiert? Fisher gab das Ergebnis des Tests nicht in seinem Buch bekannt, aber unter den Anwesenden befand sich Professor Hugh Smith, der die Geschichte David Salsburg erzählte, dem Autor eines ausgezeichneten Buchs über den Siegeszug der Statistiken im 20. Jahrhundert, *The Lady Tasting Tea*. Der Text beginnt mit der Erzählung dieser Geschichte, die dem Buch offensichtlich seinen Titel gab. Und er klärt uns auf, dass Professor Smith ihm verraten habe, dass die Dame jede einzelne der Tassen richtig identifiziert hat.

The Design of Elements, ein Klassiker und gleichzeitig Pionierarbeit in diesem Bereich. Ronald A. Fisher beschreibt anhand des Beispiels mit der Dame, die Tee probiert, die wichtigsten Konzepte statistisch signifikanter Tests.

RONALD AYLMER FISHER: DIE RICHTIGE PERSON ZUR RICHTIGEN ZEIT

Der 1890 geborene Fisher war ein Wissenschaftler mit solider mathematischer Ausbildung, berühmt für wichtige Beiträge in den Bereichen Statistik und Genetik. Obwohl es keine offiziellen Ranglisten gibt, ist er zweifellos einer der Menschen, wenn nicht sogar die entscheidende Person, die im 20. Jahrhundert am meisten zur Statistik beigetragen hat.

Verschiedenen Quellen zufolge war er ein gebrechliches Kind, aber sehr lernwillig und höchst interessiert an Astronomie. Er hatte auch ernsthafte Probleme mit seinem Sehvermögen, deshalb verboten ihm die Ärzte, bei künstlichem Licht zu lesen (was nicht das gleiche war wie die heute verwendeten Lampen). Dies beeinträchtigte seine Möglichkeiten zu studieren. Damit er nicht zurückblieb, beschäftigte er einen Professor, der ihm Mathematik beibrachte, ohne Papier, Bleistift oder irgendeine Art von visuellem Hilfsmittel. Auf diese Weise entwickelte Fisher eine vertiefte, geometrische Vorstellungskraft, die es ihm später erlaubte, schwierige Probleme aus der ihm eigenen geometrische Perspektive anzugehen und zu lösen.

Mit 29 Jahren zog er mit seiner Frau, die damals 20 Jahre alt war und mit der er drei Kinder hatte, auf einen alten Bauernhof in der Nähe des Experimentierzentrums Rothamsted nördlich von London. Er wurde von den Eigentümern des Zentrums, die Düngemittel herstellten, beauftragt, die enorme Menge an Daten zu verwalten und organisieren, die in den 90 Betriebsjahren angefallen waren.

Fisher bewies, dass aufgrund der Art und Weise, wie die Daten erhoben wurden, der Einfluss des Regens und des Wetters ganz allgemein die mögliche Wirksamkeit der getesteten Düngemittel überlagerte. In der heutigen Terminologie würden wir sagen, dass beide Faktoren „verwechselt" worden waren. Aber er kritisierte nicht nur, er erklärte auch, wie es besser gemacht werden konnte und veröffentlichte ein Buch, *The Design of Experiments*, das nicht nur den Beginn einer neuen Ära in der Versuchsplanung und Datenerhebung kennzeichnete, sondern das zudem große Auswirkungen auf die landwirtschaftliche und industrielle Forschung hatte.

Gewicht und Größe, der Korrelationskoeffizient und seine statistische Signifikanz

Wir wissen, dass Gewicht und Größe zusammenhängen und dass größere Menschen dazu neigen, mehr zu wiegen als kleinere Menschen. Es gibt Ausnahmen, aber wir sprechen von einer allgemeinen Regel. Es ist keine mathematische Beziehung. Wenn uns jemand seine Größe sagt, können wir sein Gewicht nicht durch Anwendung einer Formel berechnen, aber es besteht eine Tendenz, eine bestimmte Beziehung.

Die folgende Grafik zeigt den Zusammenhang zwischen Gewicht und Größe einer Gruppe von 92 Studenten (die Daten stammen aus einer Datei, die im Statistik-softwarepaket „Minitab" enthalten ist, die gleiche wie in Kapitel 1 beschrieben).

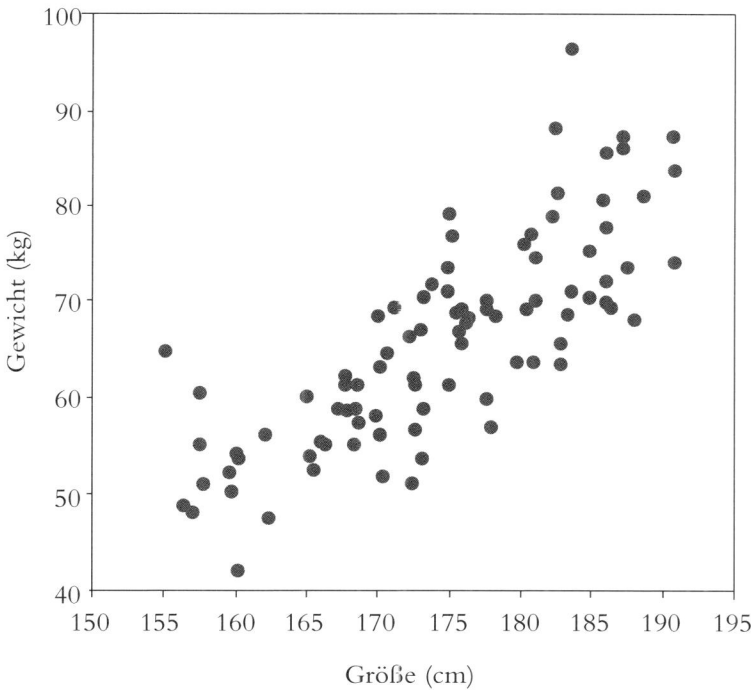

Die Korrelation zwischen Gewicht und Größe bei einer Gruppe von 92 Studenten.

Würden Sie sagen, dass es eine „starke", „mittlere" oder „zufällige" Beziehung gibt? Wie Sie sehen, müssen wir genauer sein, um diese Art von Situationen zu bewerten; dazu gibt es ein Maß namens „Korrelationskoeffizient".

Die Formel für den Korrelationskoeffizienten ist ein wenig ausgefallen, aber leicht zu rechtfertigen (keine Sorge, wir werden hier nicht darauf eingehen). Im Hinblick auf andere mögliche Alternativen hat der Korrelationskoeffizient viele Vorteile: Seine Werte liegen immer zwischen –1 und 1, noch dazu ist er nicht abhängig von den Einheiten, in denen die Daten erhoben werden. In unserem Fall erhalten wir das gleiche Ergebnis, egal ob wir Zentimeter und Kilogramm verwenden oder Zentimeter und Pfund (wie in der Originaldatei).

Wenn der Korrelationskoeffizient 1 ist, bedeutet das, dass die Beziehung zwischen den beiden Variablen perfekt ist und dass, wenn eine davon erhöht wird, auch die andere steigt. In diesem Fall haben wir eine mathematische Beziehung und der genaue Wert einer Variablen kann aus der anderen berechnet werden, aber bei realen Daten sollte eine solche Perfektion nie erwartet werden. Wenn er z. B. 0,8 ist, bedeutet das im Allgemeinen, dass es eine klare Beziehung gibt; wir erhalten 0,785 für unsere Daten. Wenn er 0 ist, bedeutet das, dass es keine Beziehung gibt. Negative Werte zeigen das Gleiche wie die positiven, aber wenn in diesem Fall ein Wert steigt, sinkt der andere.

D1	▼	:	✕	✓	*fx*	=KORREL(A1:A92;B1:B92)	
	A	B	C		D		E
1	167,64	63,56			0,78491065		
2	182,88	65,83					
3	186,68	72,64					

Die Berechnung des Korrelationskoeffizienten in Excel.

Diese Bemessung wirft jedoch auch einige Probleme auf (nichts ist perfekt!). Wenn es keine Beziehung zwischen den Variablen gibt, würden wir erwarten, dass der Korrelationskoeffizient einen Wert von genau 0 hat, aber das bedeutet, dass die Daten in einem perfekten Gleichgewicht verteilt sind, was in der Praxis nie vorkommt. Wir können sagen, dass er annähernd bei 0 liegt. Jetzt ist das Problem: Was bedeutet annähernd 0?

Schwierig ist auch, dass seine Bedeutung von der Anzahl der Punkte abhängt, die wir haben. Wenn wir sehr wenige Punkte haben und der Koeffizient weit von 0 entfernt ist, ist dies ein sehr unzuverlässiger Hinweis auf die mögliche Existenz einer Korrelation. Wenn es nur zwei Punkte gibt, erhalten wir einfach 1 oder –1, ob es eine Korrelation gibt oder nicht.

Das folgende Diagramm enthält 35 Punkte und der Korrelationskoeffizient ist 0,494. Ist dies weit genug von 0 entfernt, um die Existenz einer Korrelation bestätigen zu können? Oder ist es logischer zu denken, dass diese Verteilung der Punkte (oder der Korrelationskoeffizient, was dasselbe ist) zufällig erhalten werden kann, ohne dass es eine Art Beziehung zwischen den Variablen gibt?

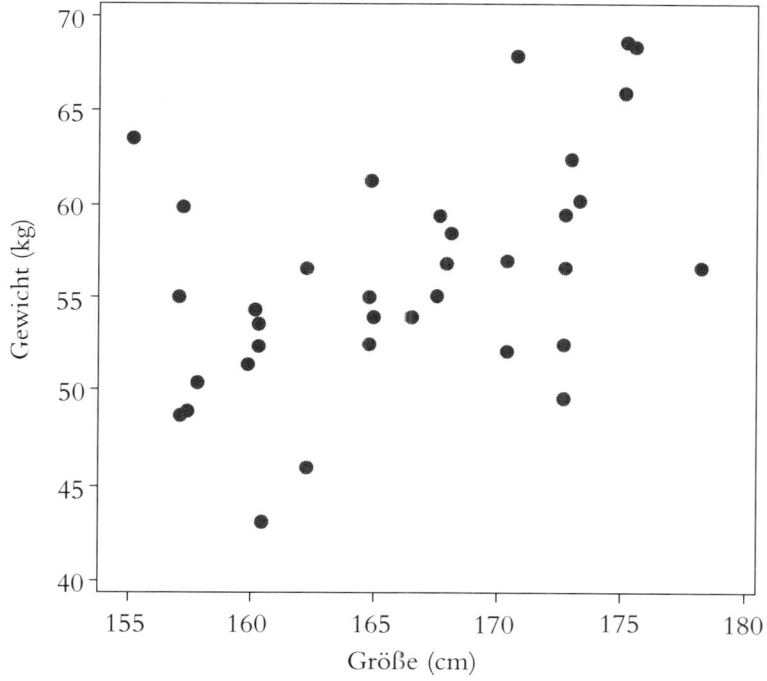

Herrscht eine Beziehung zwischen diesen Variablen?

Um zu erkennen, ob der erhaltene Korrelationskoeffizient ernst genommen werden kann (technisch würden wir sagen „um zu erkennen, ob er statistisch signifikant ist"), können wir auf die Simulation zurückgreifen. Wir erzeugen zwei Sätze von Zufallszahlen, 35 auf der einen Seite und 35 auf der anderen. Klar ist, dass diese beiden Zahlenreihen in keiner Beziehung zueinander stehen. Da sie nach dem Zufallsprinzip ausgewählt wurden, sind sie völlig unabhängig, aber wir wissen, dass ihr Korrelationskoeffizient nicht genau gleich 0 sein wird. Er könnte beispielsweise –0,123 sein; und wenn wir den Prozess wiederholen und wieder zwei Mengen von 35 Zufallszahlen erzeugen, könnte der neue Korrelationskoeffizient 0,213 sein; und wenn wir es noch einmal tun usw. Und wenn wir es 10.000 Mal tun, erhalten wir 10.000 Werte für den Korrelationskoeffizienten für zwei Sätze von 35 Werten, die völlig unabhängig sind. Dies zu tun und die Ergebnisse zu notieren, wäre sehr zeitaufwendig, aber es gibt ein kleines Programm, das es fast augenblicklich erledigt. Die Ergebnisse sind im folgenden Histogramm dargestellt, in dem der diskutierte Wert durch eine Linie angezeigt wird.

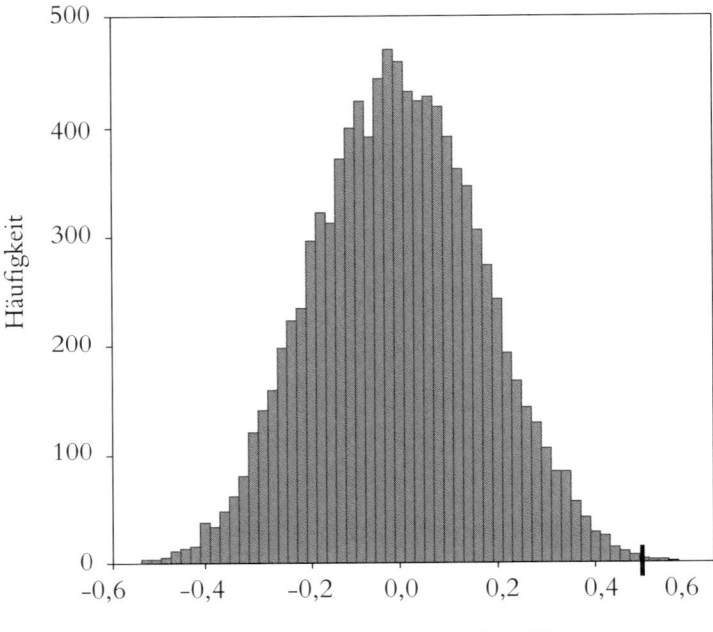

Werte für den Korrelationskoeffizienten

Werte für den Korrelationskoeffizienten für Mengen von 35 Paaren unabhängiger Daten.

Wir sehen, dass unser Wert entstehen kann, wenn die Variablen unabhängig sind, aber auch, dass es sehr ungewöhnlich ist, dass dies geschieht. Bei der Analyse der Ergebnisse der Simulation (die im Histogramm nicht zu sehen sind) haben wir zwölf Werte über 0,494 und neun unter 0,494. Das bedeutet, dass eine Variation von 0, wie wir sie hier haben (oder eine größere als sie), etwa zweimal pro 1.000 Fälle auftritt, wenn die Variablen unabhängig voneinander sind. Ist unser Fall einer von diesen beiden von 1.000? Wir wissen es nicht, aber es ist nicht sehr wahrscheinlich. Am logischsten ist es, einen Zusammenhang zwischen unseren Datensätzen anzunehmen, die übrigens dem Gewicht und der Größe von 35 der Frauen in der Gruppe der 92 Studenten entsprechen, die wir zuvor verwendet haben.

Argumentationskette: Widersprüchliche Hypothesen

Sowohl bei der Teeverkosterin als auch bei der Beziehung zwischen den Variablen sollten wir uns fragen: Ist es sinnvoll zu glauben, dass die Teeverkosterin den Unterschied zwischen der einen Mischung und der anderen erkennen kann? Können wir annehmen, dass die beiden Variablen korreliert sind? In beiden Fällen sollte die Argumentation lauten:

1. Wir beginnen mit einer Standardhypothese, die eher konservativ ist. Im Fall der Teeverkosterin gehen wir davon aus, dass sie nicht in der Lage ist, den Unterschied zwischen den beiden Zubereitungsarten zu erkennen; im Fall der Korrelation gehen wir zunächst davon aus, dass es keine gibt.

2. Wir berechnen einen Wert aus den verfügbaren Daten; sollten wir keine Daten haben (oder unsere Daten nicht verwendbar sein), müssen wir Daten beschaffen. Im Fall der Beziehung zwischen Variablen ist der Wert, der die Situation zusammenfasst, der Korrelationskoeffizient. Bei der Teeverkosterin muss ein Test geplant werden; das Ergebnis besteht aus der Anzahl der begangenen Fehler.

3. Wenn der erhaltene Wert zu den Werten gehört, die erwartet werden, wenn die Standardhypothese also korrekt ist, gibt es keinen Grund zur Annahme, dass er falsch ist, deshalb behalten wir ihn bei. Ist der Wert jedoch nicht sehr wahrscheinlich, wenn er eben nicht mit der Standardhypothese übereinstimmt, bleibt uns die Alternative (die Dame kann den Unterschied zwischen den beiden Teesorten erkennen oder es besteht eine Beziehung zwischen den Variablen).

In Statistiktexten wird die Standardhypothese als „Nullhypothese" bezeichnet, die Alternative (mit anderen Worten, wenn die Standardhypothese nicht glaubwürdig ist) als „alternative Hypothese" (keine Überraschung). Die Wahrscheinlichkeit, einen Wert wie den erhaltenen (oder einen noch abweichenderen) Wert zu erhalten, wenn die Nullhypothese korrekt ist, wird als „p-Wert" bezeichnet. Dies ist die Zahl, die bei statistischen Tests am häufigsten verwendet wird, da sie den Schlüssel dazu enthält, ob es sinnvoll ist, die Nullhypothese beizubehalten oder abzulehnen.

In unseren Fällen, wenn die Teeverkosterin die vier Tassen eines Typs richtig identifiziert, können wir die Nullhypothese mit einem p-Wert von 1,4 % ablehnen. Im Fall der Beziehung zwischen den Variablen beträgt der p-Wert 2 %, als ob es keine Beziehung zwischen ihnen gäbe (Nullhypothese). Die Wahrscheinlichkeit, einen Korrelationskoeffizienten wie den von uns erhaltenen oder höher zu haben, beträgt genau 2 %.

Was tun, wenn die Nullhypothese nicht abgelehnt werden kann?

Wenn der *p*-Wert groß ist, können wir nicht sagen, dass die Daten im Widerspruch zur Nullhypothese stehen, aber das bedeutet in keiner Weise, dass sie sich als wahr erwiesen haben. Deshalb sprechen wir lieber davon, die Nullhypothese abzulehnen oder nicht, und sie nicht zu akzeptieren (vielleicht ist dies ein Grad an Subtilität, der oft nicht verstanden wird), und wir sprechen sicherlich nicht davon, bewiesen zu haben, dass sie richtig ist.

Eine Analogie, die immer zur Erklärung der Situation verwendet wird, sind die Gerichtsverfahren, bei denen, wie wir wissen, die Nullhypothese lautet, dass der Angeklagte unschuldig ist. Mit anderen Worten, sie gelten als unschuldig, solange es keine Beweise gibt, die etwas anderes vermuten lassen.

EIN UNGEWÖHNLICHER FALL: VERTEILUNG DES KORRELATIONSKOEFFIZIENTEN MIT DREI PUNKTEN

Fisher war der erste Mensch, der eine allgemeine Formel für die Verteilung des Korrelationskoeffizienten fand. Die von ihm verwendete Mathematik war keinesfalls grundlegend und es scheint, als ob Karl Pearson, ein weiterer großer Statistiker und Herausgeber des führenden Magazins seiner Zeit, sie nicht verstanden hat und ihre Fallstricke in seiner Veröffentlichung diskutierte. Das missfiel Fisher so sehr, dass der Vorfall zu Feindseligkeit und Rivalität zwischen den zweifellos größten Statistikern dieser Jahre führte (was andererseits unter Kollegen nicht so seltsam ist).

Die Formel liefert seltsame Ergebnisse. Wenn wir drei Punkte haben, die unabhängigen Variablen entsprechen, hat die Verteilung der Werte, die ihr Korrelationskoeffizient annehmen kann, eine seltsame Form, genau das Gegenteil der allgegenwärtigen Glockenform: die wahrscheinlicheren Werte sind diejenigen an beiden Kanten.

Die gesammelten Beweise sind Indizien, die der Hypothese der Unschuld wider-sprechen können oder auch nicht. Wenn das Blut des Opfers auf der Kleidung des Angeklagten gefunden wurde, gibt es Beweise, die der Hypothese der Unschuld zuwiderlaufen, aber wenn es keine Beweise gibt, weil das Verbrechen sehr gut geplant war oder weil die Polizei schlechte Arbeit geleistet hat, kann der Angeklagte nicht bestraft werden (die Nullhypothese kann nicht abgelehnt werden). Das bedeutet jedoch nicht, dass die Unschuld nachgewiesen wurde.

Noch ein Beispiel: Waren die Würfel korrekt ausgeglichen?

In Kapitel 2 haben wir erwähnt, dass sich ein Schweizer Astronom 1850 die Zeit vertrieb, indem er ein paar Würfel 20.000 Mal geworfen hat (einen roten und einen weißen) und dass in beiden Fällen die erzielten Ergebnisse ganz anders zu sein schienen als die erwarteten theoretischen Ergebnisse. Wir hatten den Verdacht, dass die Würfel nicht ausgeglichen waren. Da jedes der sechs möglichen Ergebnisse gleichermaßen wahrscheinlich ist, wenn er die Würfel 20.000 Mal geworfen hat, ist das erwartete

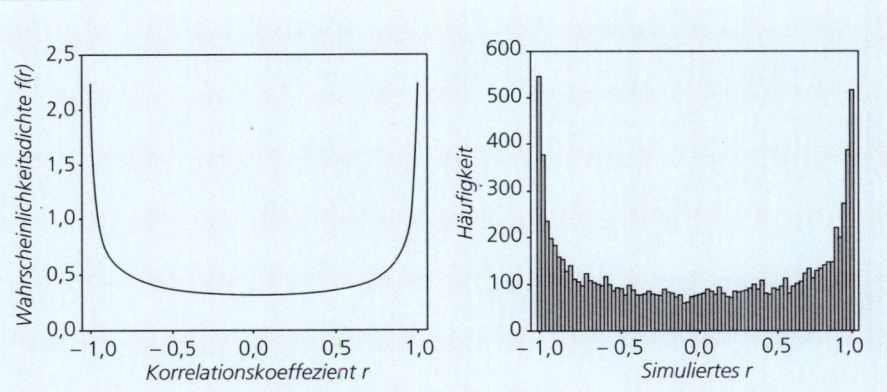

Theoretische Verteilung des Korrelationskoeffizienten unabhängiger Variablen mit nur drei Punkten gemäß der von Fisher abgeleiteten theoretischen Formel (links) und nach 10.000 Simulationen (rechts).

Wenn es vier Punkte gibt, dann sind alle Werte des Korrelationskoeffizienten gleich wahr-scheinlich. Für fünf Punkte ist der häufigste Wert jetzt 0, erst wenn die Anzahl der Punkte steigt, beginnt die „unvermeidliche" Glockenform zu erscheinen.

theoretische Ergebnis für jedes der sechs möglichen Ergebnisse 3.333 (20.000/6). Die folgende Tabelle zeigt die theoretischen und erhaltenen Werte sowie den absoluten Wert der Abweichung.

		Ergebnisse					
		1	2	3	4	5	6
Roter Würfel	Erhaltener Wert	3.407	3.631	3.176	2.916	3.448	3.422
	Theoretischer Wert (ausgeglichener Würfel)	3.333	3.333	3.333	3.333	3.333	3.333
	Abweichung (Absolutwert)	74	298	157	417	115	89
Weißer Würfel	Erhaltener Wert	3.246	3.449	2.897	2.841	3.635	3.932
	Theoretischer Wert (ausgeglichener Würfel)	3.333	3.333	3.333	3.333	3.333	3.333
	Abweichung (Absolutwert)	87	116	436	492	302	599

Sind diese Diskrepanzen Grund genug, den Verdacht zu erwecken, dass die Würfel nicht ausgeglichen sind? Oder kann dies auf den Zufall zurückgeführt werden? Natürlich wäre es auch seltsam, wenn jedes Ergebnis genau ein Sechstel der Zeit erscheinen würde. Um alle Zweifel auszuräumen, werden wir eine widersprüchliche Hypothese nach dem Argumentationsplan durchführen, den Fisher im Fall der Teeverkosterin verwendet hat. Wir gehen zunächst davon aus, dass die Würfel ausgeglichen sind (was könnten wir sonst annehmen?) und lehnen diese Option nur dann ab, wenn die uns vorliegenden Daten dagegen sprechen.

Wir werden die maximale Abweichung zwischen den erhaltenen und erwarteten Werten als relevanten Wert betrachten, um die verfügbaren Informationen zusammenzufassen. In der folgenden Abbildung sehen wir, dass sie für den roten Würfel 417 und für den weißen 599 beträgt. Die Frage lautet nun: „Welche Werte sollten wir für diese Abweichungen erwarten, wenn die Würfel perfekt ausgeglichen sind?" Auch diese Frage können wir mit Hilfe von Simulationen beantworten. Wir simulieren das Werfen von 20.000 Würfeln, zählen, wie oft jeder Wert auftritt und erhalten den Wert, der die größte Abweichung vom erwarteten Wert zeigt. Beim ersten Mal war die maximale Abweichung 83, beim zweiten Mal 97 und nachdem wir es 10.000 Mal getan hatten, ist das unten gezeigte Histogramm entstanden, wo wir Markierungen für die Werte eingetragen haben, die den roten und weißen Würfeln entsprechen.

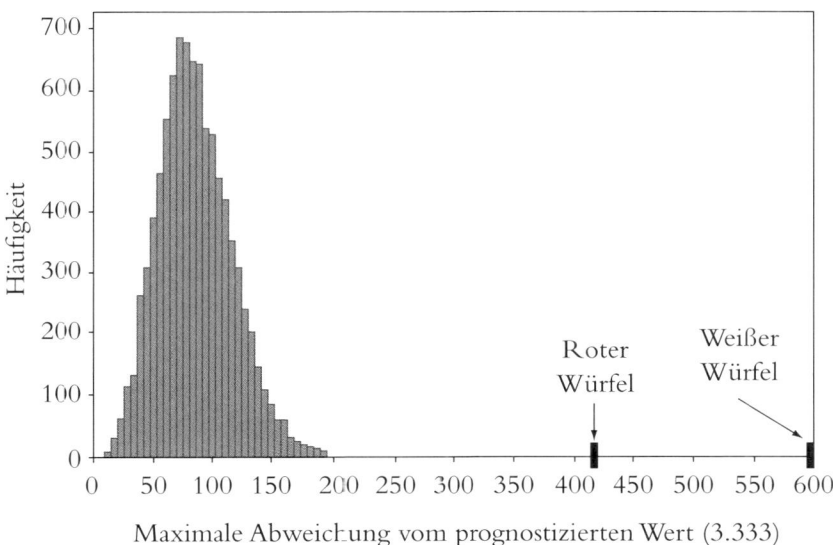

Verteilung der maximalen Abweichung zwischen den ausgeglichenen Würfeln und den tatsächlich erhaltenen Werten.

Es ist klar, dass unsere Daten im Widerspruch zu der Hypothese stehen, dass die Würfel ausgeglichen sind. Wenn dies wahr wäre, wären die erhaltenen Werte sehr unwahrscheinlich.

Der *p*-Wert wäre zweifellos 0 mit vielen Dezimalstellen, deshalb beträgt die Wahrscheinlichkeit, dass wir falsch liegen, praktisch null, daher können wir bestätigen, dass die Würfel nicht ausgeglichen waren.

Anstatt nur die maximale Abweichung als Wert zu wählen, der die verfügbaren Informationen zusammenfasst, können wir auch ein Maß verwenden, das die Abweichungen aller sechs Ergebnisse berücksichtigt.

Dieses Maß könnte die Summe aller Abweichungen sein, die sich als Differenz zwischen den beobachteten und den erwarteten Häufigkeiten berechnet, ins Quadrat erhoben (sodass sich die positiven und negativen Werte nicht gegenseitig ausgleichen) und durch die erwartete Häufigkeit dividiert.

Mit anderen Worten, für den roten Würfel gilt:

$$\frac{(3407 - 3333{,}33)^2}{3333{,}33} + \frac{(3631 - 3333{,}33)^2}{3333{,}33} + \frac{(3176 - 3333{,}33)^2}{3333{,}33} +$$

$$\frac{(2196 - 3333{,}33)^2}{3333{,}33} + \frac{(3448 - 3333{,}33)^2}{3333{,}33} + \frac{(3422 - 3333{,}33)^2}{3333{,}33} = 94{,}189.$$

Dieses Maß mag unnötig kompliziert erscheinen, hat aber den Vorteil, dass es nicht notwendig ist, die Verteilung durch Simulation zu konstruieren, die folgt, wenn die Nullhypothese korrekt ist (wir nennen sie die „Referenzverteilung"). Die Verteilung, die diesem Maß an Abweichung folgt, ist sehr bekannt und hat einen Namen, den man nie mehr vergisst. Sie heißt „Chi-Quadrat" und diese Art Test wird als „Chi-Quadrat-Test" bezeichnet. Er wurde erstmals 1900 von Karl Pearson verwendet, einer weiteren wichtigen Figur in der Geschichte der Statistik (sein Name wird manchmal zur Beschreibung des Koeffizienten verwendet, wobei der vollständige Begriff „Pearson-Korrelationskoeffizient" lautet).

Für die gängigsten statistischen Tests ist es nicht notwendig, die Referenzverteilung durch Simulation zu bestimmen, sondern sie wird mit mathematischer Schlussfolgerung abgeleitet. Die Formel, die die Verteilung des Korrelationskoeffizienten angibt, ist ziemlich kompliziert und hat keinen spezifischen Namen, obwohl eine Stichprobe, die groß genug ist, sehr nach einer Normalverteilung aussieht. Übrigens war die erste Person, die die Formel für diese Verteilung ableitete, niemand anderes als… Ronald Aylmer Fisher.

WENIG ABWEICHUNG IST AUCH VERDÄCHTIG

Wenn wir 20.000 Mal einen perfekt ausgeglichenen Würfel werfen, erscheint jedes der sechs möglichen Ergebnisse etwa 20.000/6 = 3.333 Mal. Es ist sehr selten, dass die Abweichung zwischen der beobachteten und der theoretischen Häufigkeit mehr als 250 für jedes Ergebnis beträgt. Dies geschieht nur in etwa einem von 100.000 Fällen.

Aber es ist auch sehr ungewöhnlich, wenn d e erhaltenen Häufigkeiten den vorhergesagten sehr ähnlich aussehen. Stellen wir uns vor, jemand sagt uns, er habe die folgenden Ergebnisse erzielt, nachdem er 20.000 Mal einen Würfel geworfen hat:

1	2	3	4	5	6
3.333	3.334	3.333	3.333	3.334	3.333

Dann hätten wir allen Grund, an der Authentizität dieser Informationen zu zweifeln, da eine solche Ähnlichkeit zwischen den erwarteten und den erhaltenen Häufigkeiten weniger als eins unter einer Million Mal auftritt.

Fisher zeigte einen interessanten Zufall zwischen den experimentellen Daten, die von Mendel in seiner berühmten Arbeit über die Genetik von Erbsenpflanzen veröffentlicht wurden, und den theoretischen Ergebnissen, die zu erwarten gewesen wären. Das Überraschendste ist, dass Mendel für einige Experimente ein falsches Ergebnis vorhergesagt hatte und die experimentellen Ergebnisse eine verdächtige Ähnlichkeit mit diesen falschen Werten zeigten. Es sei nicht unbedingt Mendel selbst gewesen, der die Daten gefälscht habe, sagte Fisher, sondern ein Assistent, der seine Arbeit nicht richtig gemacht hatte und wusste, was Mendel hören wollte. Dies war Gegenstand intensiver Diskussionen. Es ist nicht nur ein Problem der Wahrscheinlichkeitsberechnung, sondern auch der Genetik und Botanik, wenn es darum geht, die möglichen Häufigkeiten zu diskutieren, die bei Pflanzen auftreten können, was dann zu Abweichungen in den Verhältnissen führt, die für andere Typen erhalten wurden. Diese Kontroverse dauert schon lange an und es scheint schwierig zu sein, endgültige Schlussfolgerungen zu ziehen, obwohl es einen allgemeinen Konsens dahingehend gibt, dass keine stichhaltigen Beweise dafür vorliegen, dass Mendel (oder wer auch immer es war) die Daten korrigiert hat.

Bisher ja, ab sofort nein: Grenzen für den *p*-Wert

Normalerweise wird ein Wert (oft 5 %) so festgelegt, dass die Nullhypothese bei einem erhaltenen, niedrigeren *p*-Wert abgelehnt wird, bei einem höheren nicht. Dieser Grenzwert wird als „Signifikanzniveau" bezeichnet.

Obwohl wir alle klare und einfache Regeln mögen, ist es nicht einfach, einen Wert als universelle Grenze zu setzen und ihn immer anzuwenden, unabhängig vom Kontext der Situation. Das Setzen eines Grenzwertes ist gleichbedeutend mit dem Bestimmen der Wahrscheinlichkeit, falsch zu liegen, wenn die Nullhypothese abgelehnt wird, und die Wahrscheinlichkeit eines Fehlers, die vernünftigerweise angenommen werden kann, hängt zweifellos von der Situation ab, in der wir uns befinden wie auch von den Folgen einer Fehlentscheidung.

Nehmen wir zum Beispiel an, dass wir eines Morgens beim Verlassen unseres Hauses das Wetter überprüfen und feststellen, dass es zu 10 % Regen gibt. Sollen wir wieder hineingehen und einen Regenschirm holen? Niemand würde es für leichtsinnig halten, wenn wir einfach weitergingen und das 10%ige Risiko, vom Schauer erwischt zu werden, in Kauf nehmen. Wenn wir uns irren, verlieren wir nicht viel (vielleicht würden wir ein wenig nass werden). Außerdem kann es müßig sein, einen Regenschirm den ganzen Tag mit sich herumzutragen, wenn es nicht regnet.

Eine weitere Situation: Wir fahren auf einer ruhigen Hauptstraße. Auf einer Hügelkuppe, von der aus wir sehen, dass uns kein Auto entgegenkommt, sehen wir ein kleines Schlagloch auf unserer Fahrbahnseite. Wir könnten ihm ausweichen, indem wir auf der anderen Seite der Straße fahren. Aber wir tun es nicht. Die Wahrscheinlichkeit, dass auf dieser wenig befahrenen Straße ein anderes Auto auftaucht, ist zwar gering und noch unwahrscheinlicher ist es, dass es direkt auf der Hügelkuppe passiert. Aber wir verlassen unsere Spur nicht. Die Wahrscheinlichkeit ist zwar gering, aber das Ergebnis wäre höchst unangenehm, wenn es denn eintrifft. Und das Schlagloch ist nur eine kleine Unannehmlichkeit, sozusagen das kleinere Übel.

Offensichtlich hängt die Fehlerwahrscheinlichkeit, die wir bei einer Entscheidung einzugehen bereit sind, von den Umständen und den Kosten des Irrtums ab. Bleiben wir für ein nächstes Beispiel auf der Straße, diesmal jedoch etwas weniger dramatisch: Betrachten wir den Tacho zur Messung der Geschwindigkeit von Autos. Man weiß, dass auch diese Geräte gewisse Messfehler liefern. Wenn sie anzeigen, dass ein Auto mit 70 km/h fährt, ist es also durchaus möglich, dass es mit 69 km/h oder 72 km/h unterwegs ist. Deshalb werden Fahrer, wenn die Höchstgeschwindigkeit 70 km/h beträgt, nur dann bestraft, wenn das Radar eine Geschwindigkeit anzeigt, die diese Grenze um einen bestimmten Betrag überschreitet, sodass es trotz des unvermeidlichen Messfehlers praktisch sicher ist, dass der Fahrer die Grenze tatsächlich überschritten hat. Die Wahl eines Spielraums über der Obergrenze, die 5% Fehler verursacht (Bußgelder für Fahrer, die die Geschwindigkeitsbegrenzung nicht tatsächlich überschritten haben), wäre eine unvorsichtige Entscheidung, da sie bedeutet, dass jeden Tag Hunderte von Fahrern zu Unrecht bestraft würden.

Kurz gesagt, die Auswahl des Grenzwertes ist kein statistisches Problem, sondern hängt von dem Problem ab, mit dem wir es zu tun haben. Wenn ein Test durchgeführt wird, um zu analysieren, ob ein neues Medikament für die Heilung einer Krankheit besser ist als das aktuelle, wobei 0,05 als Grenzwert festgelegt sind, laufen wir also zu 5 % Gefahr, zu sagen, es sei effizienter, obwohl dies tatsächlich nicht zutrifft. Welche Auswirkungen hat das? Könnte die neue Behandlung schädliche Nebenwirkungen haben? Ist sie viel teurer als die herkömmliche Behandlung? Die Antwort auf diese Fragen ist relevant für die Festlegung des am besten geeigneten Grenzwertes.

Es ist aber auch so, dass in vielen Fällen der Wert von 0,05 als Referenz genommen wird, ohne auf eine detaillierte Begründung einzugehen. Der Grund für die Verwendung von 0,05 liegt in den Werten, die in den Tabellen auftauchen. Als sie zum ersten Mal mit verschiedenen, sehr rudimentären Methoden erstellt wurden, bezog man nur die Werte ein, die einigen wenigen Wahrscheinlichkeiten entsprachen – einfache Zahlen wie 0,001, 0,005, 0,01, 0,05, 0,10,.... Und von den verfügbaren war es üblich, den Wert, der 0,05 entspricht, als am besten geeignet anzusehen, um das Normale vom Ungewöhnlichen zu trennen. Der Vorteil von 0,05 ist, dass es sich um einen gerundeten Wert in unserem Dezimalsystem handelt. Hätten wir sechs Finger, würden wir es zweifellos natürlicher finden, Entscheidungen mit 0,06 als Grenze zu treffen.

Kapitel 5

Besser? Effektiver? Stichproben entwerfen, um Fragen zu beantworten

Statistiken sind notwendig, wenn eine Frage gestellt wird und wir Daten sammeln und analysieren müssen, um die Antwort zu finden. Es kann darum gehen, ob ein Impfstoff wirksam, ein Medikament besser oder ein Schweißsystem stärker ist als ein anderes.

Eines der häufigsten Probleme besteht darin, dass der Prozess der Datenbeschaffung immer mühsam (und teuer) ist und die beste Vorgehensweise ermittelt werden muss, um eine Verschwendung, der stets knappen Ressourcen zu vermeiden. Ein weiteres Problem ist, dass wir am Ende nie alle Daten bekommen, die wir haben möchten, und deshalb die vorhandenen voll ausschöpfen müssen. All dies vor dem Hintergrund der Variabilität: Die Daten werden nicht durch einen mathematischen Ausdruck bestimmt; denn selbst unter den gleichen Bedingungen erhalten wir nicht immer das gleiche Ergebnis.

Stellen Sie sich folgende Frage: Ist es hilfreich, regelmäßig eine bestimmte Dosis Aspirin einzunehmen, um die Möglichkeit eines Herzinfarkts zu reduzieren? Eine Antwort besteht darin, über die Auswirkungen von Aspirin auf den Körper nachzudenken, aber die Wahrheit ist oft überraschend. Die zuverlässigste Lösung ist die Datenerfassung. Im Wesentlichen geht es darum, eine Gruppe in zwei Teile zu splitten, die so ähnlich wie möglich sind: ein Teil erhält die Aspirinbehandlung, der andere nicht. Die Ergebnisse werden dann verglichen. Wir wissen, dass nicht alle Personen, die an der Studie teilnehmen, gleich sind; wir wissen auch, dass nicht alle gleich reagieren werden, wenn sie Aspirin nehmen. Man muss also wissen, wie man mit all diesen Informationen umgeht und wie man Schlussfolgerungen ziehen kann, die auch den Grad der Zuverlässigkeit angeben, der erreicht wurde. Das ist Statistik.

Eine groß angelegte Studie: Der Polioimpfstoff

Die Möglichkeit, sich gegen eine Infektionskrankheit impfen zu lassen, war zweifellos eine der größten Entdeckungen im Kampf gegen Krankheiten und verbesserte Gesundheit und Lebenserwartung. Für jede Krankheit ist jedoch ein eigener, spezifischer Impfstoff erforderlich, der nicht immer einfach zu finden ist. Es gibt verschiedene Verfahren zu ihrer Herstellung und Laborexperimente sowie Tier- oder Humanversuche im kleinen Maßstab können oft schon Hinweise auf ihre Wirksamkeit geben. Bevor wir jedoch einen Impfstoff genehmigen und eine groß angelegte Anwendung für eine ganze Population empfehlen, müssen wir uns sehr sicher sein, dass der Nutzen die Kosten und Risiken ausgleicht, die zwangsläufig anfallen werden. Die Statistik spielt eine maßgebliche Rolle, wenn es um eine solche Überprüfung geht.

1954 wurde eine groß angelegte Studie durchgeführt, um die Wirksamkeit eines Impfstoffs gegen Polio (der von dem Epidemiologen Jonas Salk entwickelte „Salk-Impfstoff") zu bewerten. Der folgende Prozess ist im Buch *Statistics: A Guide to the Unknown* anschaulich erklärt. Das Werk beschreibt 29 Fallstudien zu angewandten Statistiken in einer Vielzahl von Bereichen, die jeweils von einem Autor verfasst wurden, der über detaillierte Kenntnisse des jeweiligen Fachgebiets verfügt. Das Kapitel über die Arbeiten zur Überprüfung der Wirksamkeit dieses Impfstoffs wurde von Professor Paul Meier von der Universität Chicago verfasst.

Das Interesse an und die Besonderheiten von Polio

Die Wirksamkeit der entwickelten Impfstoffe hat zur fast vollständigen Ausrottung von Polio geführt, das bis vor kurzem eine der am meisten gefürchteten Krankheiten war. Vor allem Kinder wurden davon befallen, viele von ihnen blieben gelähmt oder litten unter Langzeitschäden für den Rest ihres Lebens. Hinzu kam, dass Polio in Wellen von unvorhersehbaren Epidemien auftrat und seltsamerweise soziale Gruppen mit höherem Lebensstandard betraf, während es in den ärmsten Ländern oder Gesellschaftsschichten eher selten vorkam. Der Grund dafür ist, dass der Befall der ärmeren Bevölkerungsgruppen früher stattfand, als die Babys noch durch die Abwehrkräfte ihrer Mutter geschützt waren, was bedeutet, dass sie bei einem Angriff durch das Virus bereits immunisiert waren und die Krankheit nicht entwickelten. Andererseits erkrankten diejenigen, die unter den günstigsten Bedingungen lebten, später an der Krankheit, als sie nicht mehr auf die Abwehrkräfte ihrer Mutter zählen konnten. Ein weiterer Umstand, der sicherlich einen Einfluss auf die Bekämpfung der Krankheit hatte, war, dass auch Präsident Roosevelt betroffen und daher mehr als bereit war, die Forschung in diesem Bereich zu unterstützen.

Anfang der 1950er Jahre glaubten die Gesundheitsbehörden der Vereinigten Staaten, dass sich die Sicherheit und Wirksamkeit des von Jonas Salk entwickelten neuen Impfstoffs bereits in kleinen Studien bestätigt hatte. Bevor jedoch eine großflächige Anwendung empfohlen wurde, war es notwendig, unwiderlegbare Beweise dafür zu haben, dass er wirksam war und keine schädlichen Nebenwirkungen hatte. Dies bildete den Rahmen für das größte Experiment, das damals im Bereich der öffentlichen Gesundheit durchgeführt wurde.

Die Kontrollgruppe

Nehmen wir an, es wird ein Medikament für eine bestimmte Krankheit getestet. Es stellt sich heraus, dass jeder, der es einnimmt, innerhalb von sieben Tagen geheilt wird. Können wir dann sagen, dass es wirksam ist?

Vielleicht denken Sie: Wenn alle geheilt sind, muss es effektiv sein. In Wahrheit kann dies jedoch durch diese Art von Experiment nicht bewiesen werden. Es ist möglich, dass sich diese Menschen auch ohne die Einnahme des Medikaments während der siebentägigen Frist erholt hätten. Es kann sogar sein, dass sie ohne Einnahme des Medikaments in zwei oder drei Tagen geheilt worden wären, während die Einnahme diesen Prozess fünf oder sechs Tage verzögert hat.

Aus diesem Grund ist es notwendig, bei der Prüfung der Wirksamkeit eines neuen Medikaments oder Impfstoffs mit einer Reihe von Personen zu beginnen, die für diejenigen repräsentativ sind, für die der Impfstoff vorgesehen ist. Diese Menschen sind in zwei zufällige Gruppen zu unterteilen, um sicherzustellen, dass es keine systematischen Unterschiede zwischen den Merkmalen derjenigen in der einen oder anderen Gruppe gibt. Das Medikament wird nur an Personen in der einen Gruppe abgegeben. Die Personen in der anderen Gruppe werden für eine vergleichende Analyse der Auswirkungen des neuen Medikaments verwendet. Diese Gruppe wird nicht behandelt und als „Kontrollgruppe" bezeichnet.

Im Falle von Polio zeigte die Erkrankung unvorhersehbare Schwankungen. So waren beispielsweise 1952, dem Jahr mit der größten Infektionsrate zwischen 1930 und 1956, in den Vereinigten Staaten rund 60.000 Menschen betroffen, während es 1953 nur 35.000 waren, was einem Rückgang von mehr als 40 % entspricht. Wenn 1953 ein neuer und völlig wirkungsloser Impfstoff erprobt worden wäre, hätte man angesichts der erheblichen Verringerung der Fälle annehmen können, dass er wirksam war. Und das war kein Ausnahmefall, von 1931 bis 1932 sank die Zahl der Fälle um mehr als die Hälfte, dasselbe geschah erneut von 1935 bis 1936, 1937 bis 1938, 1941 bis 1942, 1946 bis 1947 und 1955 bis 1956.

Es war auch keine gute Idee, Kinder nur aus einem bestimmten Gebiet zu impfen – zum Beispiel aus dem Bundesstaat New York und nicht etwa aus einem anderen Gebiet wie Chicago –, da die Infektionsrate nicht homogen war und es leicht sein könnte, dass in einem Jahr die Ansteckung in einem Staat hoch war, während sie in einem anderen niedrig blieb. Es war notwendig, alle Teilnehmer der Studie in zwei ähnliche Gruppen einzuteilen, die von all diesen Faktoren in gleicher Weise betroffen sein würden. Eine Gruppe wurde mit dem Impfstoff versorgt, die andere Gruppe diente zur Kontrolle.

Zwei Gruppen, die „so ähnlich wie möglich" sind: Kontrolle mit Placebo und „doppel-blind"

Wenn eine Gruppe von Menschen eine Behandlung erhält (sie nehmen täglich eine Pille oder eine einzige Injektion, wie beim Salk-Impfstoff) und eine andere nicht, werden diejenigen, die etwas erhalten haben, eine gewisse Verbesserung bemerken (wenn sie davon überzeugt sind, dass es eine heilende Wirkung hat) – selbst wenn das Produkt völlig ohne therapeutische Wirkung ist. Dies wird als „Placebo-Effekt" bezeichnet. Sicherlich gründet hier der Erfolg vieler so genannter alternativer Medikamente wie auch die Tatsache, dass viele Probleme von selbst verschwinden, mit oder ohne Behandlung.

Im Fall von Polio ist das Kind entweder von der Krankheit betroffen oder nicht, und man könnte davon ausgehen, dass es als solches kein Problem mit der wahrgenommenen Verbesserung gibt, je nachdem, ob der Teilnehmer geimpft wurde. Nicht alle Fälle sind jedoch schwerwiegend oder haben Langzeitwirkungen; wenn also ein geimpftes Kind Symptome zeigt, die durch Polio verursacht werden können, denken vielleicht die Eltern und auch der Arzt, dass das Kind betroffen ist (obwohl es geimpft wurde!). Wenn es wirklich ein leichter Fall war, der sich entwickelte, könnte man ihn mit einer anderen Krankheit verwechseln und dies würde letztlich zu einem nicht aufgezeichneten Infektionsfall führen. Andererseits werden diejenigen, die den Impfstoff nicht erhalten haben, aufgrund des Gefühls, ungeschützt zu sein, auf die Symptome achten und diese sicherlich sorgfältiger analysieren und diagnostizieren. Es entsteht die Möglichkeit eines falschen Eindrucks, dass es eine höhere Infektionsrate in der Gruppe gab, die den Impfstoff nicht erhalten hat.

Um zu vermeiden, dass der Placebo-Effekt nur in der behandelten Gruppe wirkt, ist es bei dieser Art von Test am besten, wenn alle Teilnehmer eine Behandlung mit ähnlichem Aussehen erhalten, sodass sie nicht wissen, ob sie den echten Wirkstoff einnehmen oder den falschen, der als „Placebo" bezeichnet wird und dasselbe Aussehen und denselben Geschmack wie die echte Pille hat. Doch nicht nur die an der Studie beteiligte Person weiß nicht, ob sie in die Behandlungs- oder Kontrollgruppe aufgenommen wurde (im Fall von Polio sollten wir an Stelle des Kindes vielleicht an seine Eltern denken), sondern auch der behandelnde Arzt weiß nicht, ob sie das Placebo oder den Wirkstoff einnimmt. Es ist nicht so, dass wir Ärzten nicht trauen können, aber es könnte sein, dass sie von ihren Vorurteilen geleitet werden. Wenn das Kind Teil einer Gruppe ist, die die Behandlung erhält und sie glauben, diese sei wirksam, werden sie eher von einer stärkeren Verbesserung berichten. Wissen sie dagegen, dass das Kind das Placebo erhalten hat, interpretieren sie die berichtete Befindlichkeit des Patienten womöglich intensiver oder negativ.

SIGNIFIKANTE UND WICHTIGE UNTERSCHIEDE

Wenn wir Vergleiche anstellen, legen wir großen Wert darauf zu entscheiden, ob die beobachteten Unterschiede signifikant sind oder nicht. Genau das sollen alle statistischen Tests verdeutlichen. Auch wenn es wie ein Widerspruch in sich selbst erscheinen mag, bedeutet die Tatsache, dass ein Unterschied signifikant ist, nicht unbedingt, dass er wichtig ist.

Ein Unterschied gilt als signifikant, wenn man davon ausgeht, dass er nicht durch Zufall verursacht worden sein kann, d. h. dass die beiden verglichenen Behandlungen wirklich unterschiedliche Ergebnisse liefern. Dennoch können wir sicher sein, dass sie unterschiedlich sind, obwohl dieser Unterschied so gering sein kann, dass er für die Praxis irrelevant ist. So kann beispielsweise eine Studie, die mit vielen Stichproben durchgeführt wurde, zeigen, dass eine bestimmte Art von Klebstoff stärker, der Unterschied aber fast nicht wahrnehmbar ist. Es kann auch sein, dass aufgrund geringer Datenmengen oder aufgrund der hohen Variabilität der Ergebnisse ein großer Unterschied beobachtet wird, der aber auf den Zufall zurückzuführen ist. Kurz gesagt, wir sind uns nicht sicher, ob das eine besser ist als das andere.

Um sicherzustellen, dass dies nicht passieren kann, ist diese Art Studie so konzipiert, dass weder der Patient noch der behandelnde und berichtführende Arzt wissen, wer den Wirkstoff und wer das Placebo einnimmt. Deshalb werden sie als „doppel-blind" bezeichnet.

Wenn eine Kontrollgruppe ein Placebo einnimmt, treten jedoch auch bestimmte Probleme auf. Unter anderem ist der Test komplexer zu organisieren. Beim Salk-Impfstoff war es notwendig, Injektionen mit dem Wirkstoff herzustellen, die mit denen identisch waren, die nur eine Kochsalzlösung enthielten, d. h. sie mussten nummeriert und kontrolliert werden, um festzustellen, was was war, obwohl nicht einmal das Gesundheitspersonal, das den Impfstoff verabreichte, wissen konnte, ob die Charge den Wirkstoff enthielt.

Ein weiteres Problem liegt im Bereich der Ethik. Für einige Leute schien es nicht fair, Kindern, die an der Studie teilnahmen, eine Kochsalzlösung anstelle eines Impfstoffs zu injizieren, von dem die Forscher bereits sehr sicher waren, dass er wirksam war.

Als Alternative wurde vorgeschlagen, dass Kinder im zweiten Lebensjahr geimpft und Kinder im ersten und dritten Lebensjahr als Kontrollgruppe verwendet werden sollten. Dies führte zu gewissen Problemen, wie z. B. der Verletzung des Doppel-blind-Prinzips. Schließlich ging man jedoch in der Hälfte der Fälle exakt so vor, während die andere Hälfte Placebo-Kontrollgruppen verwendete.

Die Notwendigkeit einer extrem großen Stichprobe

Die Infektionsrate der Krankheit betrug nur 50 pro 100.000 Individuen und man hoffte, dass der Impfstoff diese Zahl um die Hälfte reduzieren würde. Klar war, dass die Versuche nicht in kleinen Gruppen durchgeführt werden konnten. Wenn wir zum Beispiel 1.000 Kinder impfen und weitere 1.000 als Kontrollgruppe verwenden, ist es sehr wahrscheinlich, dass in keiner der beiden Gruppen jemand betroffen sein wird, somit hat der Test keinen Nutzen gebracht. Wenn 10.000 verwendet werden, kann es sein, dass in der Kontrollgruppe fünf Personen betroffen sind und in der geimpften nur zwei. Aber der Unterschied ist so gering, dass er auf den Zufall zurückzuführen ist. (Es wird nicht möglich sein, die Nullhypothese abzulehnen, dass die Wirksamkeit gleich ist.) Es war also notwendig, Hunderttausende in jeder Gruppe zu haben, bevor die Schlussfolgerungen als solide angesehen werden konnten. Man kam nicht umhin, einen groß angelegten Test durchzuführen.

Ergebnisse

Es wurde nachgewiesen, dass der Impfstoff zweifellos wirksam ist. In der Gruppe, die die Impfung erhalten hatte, betrug die Infektionsrate weniger als die Hälfte als bei der Gruppe, denen das Placebo injiziert worden war. Der p-Wert dieser Studie lag in der Größenordnung 1029. Für den Fall, dass es keine Unterschiede zwischen den einzelnen Gruppen gab, hätte eine Abweichung dieser Größenordnung durch Zufall nur etwa einmal in einer Milliarde auftreten können.

	Untersuchte Population	Polio-Fälle	
		Anzahl	Rate (pro 100.000)
Kontrolle mit Placebo			
Geimpft	200.745	57	28
Placebo	201.229	142	71
Kontrolle nach Schuljahr			
Geimpft	221.998	56	25
Kontrollgruppe	725.173	391	52

Die Rolle der Statistik: Polio heute

Der Salk-Impfstoff war zwar ein Fortschritt im Kampf gegen die Krankheit, aber nicht ganz zufriedenstellend. Einige Jahre später wurde er durch einen anderen, wirksameren Impfstoff ersetzt, der statistischen Tests unterzogen wurde, die vor seiner Verwendung entsprechend konzipiert und durchgeführt worden waren. Heute ist Polio eine Krankheit auf dem Weg zur Ausrottung. Es gibt nur zwei Länder auf der Welt, in denen sie nach wie vor endemisch ist: Pakistan und Afghanistan. Die Weltgesundheitsorganisation, das Kinderhilfswerk der Vereinten Nationen und andere internationale Organisationen haben angekündigt, dass sie in diesen Ländern Anstrengungen unternehmen werden und davon ausgehen, dass bald keine neuen Fälle der Krankheit mehr auftreten werden. Dann ist es notwendig, drei Jahre zu warten, bis man Polio offiziell als ausgerottet erklären kann.

Aspirin und Herzinfarkte

1983 wurde in den Vereinigten Staaten eine groß angelegte Studie durchgeführt, um den Einfluss von Aspirin auf Herzkrankheiten zu messen. Kleinere Studien hatten ergeben, dass eine Person, die einen Herzinfarkt erlitten hatte, das Risiko eines zweiten Herzinfarkts durch die Einnahme von Aspirin verringern konnte. Es gab jedoch keinen Beweis dafür, dass diese positive Wirkung auf die männliche Bevölkerung im Allgemeinen ausgedehnt werden konnte.

Also lud man 261.248 männliche Ärzte über 40 Jahre zur Teilnahme ein, deren Daten von der American Association of Doctors zur Verfügung gestellt wurden. 59.285 von ihnen erklärten sich bereit, an der Studie teilzunehmen. Dabei war es notwendig, Kandidaten mit einer komplizierten Krankengeschichte auszuschließen, die bereits Aspirin einnahmen oder auf die Einnahme schlecht reagierten. Schließlich rekrutierte man für die Studie 22.071 Ärzte, die alle als gesunde, risikoarme Personen angesehen werden konnten und die an wechselnden Tagen eine Dosis von 325 mg Aspirin (oder dem Placebo) verabreicht bekamen.

Gleichzeitig zur Untersuchung der Wirkung von Aspirin nutzten die Wissenschaftler der Studie die Gelegenheit, auch die Wirkung von Beta-Carotin (einer Verbindung, die der Körper in Vitamin A umwandelt) auf die Prävention bestimmter Krebsarten zu untersuchen. So wurden die Teilnehmer nach dem Zufallsprinzip in vier Gruppen eingeteilt, die echtes Aspirin und Beta-Carotin, echtes Aspirin und ein Beta-Carotin-Placebo, ein Placebo-Aspirin und echtes Beta-Carotin sowie Placebos für Aspirin und Beta-Carotin erhielten.

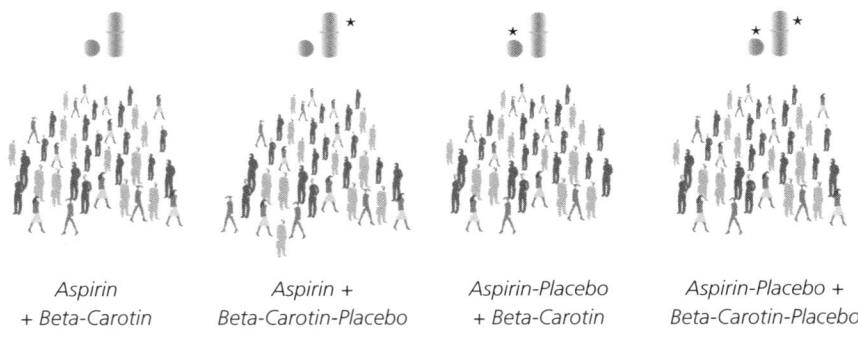

Aspirin + Beta-Carotin

Aspirin + Beta-Carotin-Placebo

Aspirin-Placebo + Beta-Carotin

Aspirin-Placebo + Beta-Carotin-Placebo

Behandlungen, denen die vier Gruppen unterzogen wurden. Die eingenommenen Medikamente hatten alle dasselbe Aussehen. Der Stern kennzeichnet das Placebo.

Trotz der strengen Auswahlkriterien für die Teilnahme an der Studie war eine Reihe von Personen unterschiedlichen Alters beteiligt, mit unterschiedlicher klinischer Vorgeschichte, mit unterschiedlichen Charakteren, einige waren Raucher und andere nicht … somit war es notwendig, bei der zufälligen Zuordnung jeder Person zu einer der vier Behandlungsgruppen äußerst genau zu sein, da nur so sichergestellt werden konnte, dass die vier Gruppen ähnliche Eigenschaften aufwiesen. Man hätte die Teilnehmer, die kurz davor standen, einen Herzinfarkt zu erleiden, in einer Gruppe zusammenfassen können, aber die Wahrscheinlichkeitstheorie versichert uns, dass, wenn die Verteilung wirklich zufällig ist, die Wahrscheinlichkeit, dass dies geschieht, so groß ist, dass sie völlig vernachlässigbar ist.

Da die vier Gruppen aus ähnlichen Probanden bestanden und ähnlichen Umweltbedingungen unterlagen, konnten wichtige Unterschiede in den Ergebnissen jeder Gruppe über das hinaus beobachtet werden, was dem Zufall zugeschrieben werden konnte. Sie konnten vielmehr auf die Tatsache zurückgeführt werden, dass die durchgeführten Behandlungen unterschiedliche Ergebnisse erbracht hatten. Dies ist die Logik von Tests, die Behandlungen mit unabhängigen Stichproben vergleichen.

Die Studie war doppel-blind, d. h. weder die Teilnehmer noch einer der Verantwortlichen für die Behandlung oder Überwachung wussten, welcher der vier Gruppen die Teilnehmer zugeordnet waren. Ein Aufsichtsgremium analysierte die Ergebnisse alle sechs Monate und obwohl die Studie auf sieben Jahre angelegt war, waren nach nur fünf Jahren die Ergebnisse so gut, dass die Forschung eingestellt wurde, um den Teilnehmern und der Ärzteschaft im Allgemeinen so schnell wie möglich Bericht zu erstatten.

	Aspirin-Gruppe (n = 11.037)	Placebo-Gruppen (n = 11.034)
Herzinfarkte Tödlich Nicht tödlich	5 99	18 171
Insgesamt	104	171

Die Aspirin-Gruppe bestand aus Personen, die Aspirin und Beta-Carotin einnahmen, und solchen, die Aspirin und das Beta-Carotin-Placebo einnahmen;, die Placebogruppen rekrutierten sich aus den beiden anderen. Ein statistischer Test, der Proportionen vergleicht, zeigt deutlich, dass, wenn das Aspirin keine Wirkung gehabt hätte (die Wahrscheinlichkeit, einen Herzinfarkt zu erleiden, war in beiden Gruppen gleich), eine Differenz wie die erhaltene oder höher nur zufällig in der

Größenordnung von zwei pro 100.000 auftreten würde. Es kann daher angenommen werden, dass Aspirin tatsächlich das Potenzial reduziert, einen Herzinfarkt zu erleiden.

Die Studie schaffte es auf die Titelseite der *The New York Times* und wurde in den Medien ausführlich diskutiert. In Bezug auf das Beta-Carotin wurde die Studie für den geplanten Zeitraum fortgesetzt, obwohl ich keine Hinweise auf die Endergebnisse finden konnte. Ich vermute, dass sie nicht gut waren – unter Berücksichtigung dessen, was derzeit über seine Auswirkungen bekannt ist. Scheinbar hat das Beta-Carotin nicht nur die Möglichkeit der Krebserkrankung nicht reduziert, sondern in der Gruppe der Raucher sogar erhöht.

Aber auch Aspirin ist kein Allheilmittel. Es wird angenommen, dass es wirkt, indem es den Prozess der Bindung von Blutplättchen hemmt und so die Bildung von Blutgerinnseln reduziert. Dies birgt jedoch gleichzeitig eine potenzielle Gefahr: Tatsächlich zeigte die Studie, dass es einen kleinen, aber nicht signifikanten Anstieg der Mortalität durch Embolien bei denjenigen gab, die Aspirin erhielten. Deshalb wurde das Ergebnis mit einem Wermutstropfen aufgenommen und es wird geraten, dass die Patienten den Empfehlungen ihrer Ärzte folgen sollten, die die Vor- und Nachteile für jeden Einzelfall bewerten können.

Tabak und Lungenkrebs

Heutzutage gilt als bewiesen, dass „Rauchen ernsthaft Ihre Gesundheit schädigt". Dies war jedoch nicht immer der Fall. Wir wissen, dass Komponenten des Tabakrauchs Krebs verursachen können und wie sie die Umwandlung gesunder Zellen in krebsartige Zellen induzieren, was sich in Tierversuchen gezeigt hat. Wie bei so vielen anderen Gelegenheiten schlugen die Statistiken Alarm, dass etwas nicht stimmt. Dies wiederum führte zu einer detaillierteren Recherche. Die in den 1950er Jahren verfügbaren Daten zeigten bereits eine höhere Lungenkrebs-Erkrankung bei Rauchern als bei Nichtrauchern, aber es war notwendig, genauere Studien durchzuführen, um diesen Verdacht zu bestätigen.

Um den Zusammenhang zwischen Lungenkrebs und anderen Erkrankungen mit dem Rauchen zu überprüfen, wurden sieben groß angelegte Studien im englischsprachigen Raum durchgeführt (eine in Großbritannien, eine weitere in Kanada und fünf in den USA). Dies waren breit gestreute Studien, bei denen die Teilnehmerzahl zwischen 34.000 und 448.000 lag. Das Verfahren war bei allen Tests im Wesentlichen das gleiche: Ein Fragebogen wurde an die für die Teilnahme ausgewählten Personen geschickt, der neben anderen demografischen Daten um Auskunft über aktuelle und vergangene Verhaltensmuster bat, zudem wurde ein System eingerichtet, das sicherstellte, dass beim Tod von Personen, die den Fragebogen beantwortet hatten, die Tatsache zusammen mit der Todesursache erfasst wurde.

Diese Studien ermöglichten es, Daten über den Einfluss von Faktoren zu erhalten – wie dem Alter, in dem die Teilnehmer mit dem Rauchen begonnen hatten, der Art und Menge des Tabaks, den sie normalerweise konsumierten, sowie Berichten, wie es ehemaligen Rauchern ergangen war. Eine der Schlussfolgerungen lautete, dass bei Rauchern die Erkrankung an Lungenkrebs zwischen 11 und 20 Mal höher ist als bei Nichtrauchern.

Einer der Einwände, die gegen diese Art von Studie erhoben werden können und die tatsächlich erhoben wurden (und Fisher war einer der Vorreiter), ist der, dass sie zwar zeigt, dass es eine höhere Erkrankungsrate gibt, dies aber nicht bedeutet, dass die Ursache der Tabak sein muss. So könnte es beispielsweise sein, dass diejenigen, die sich das Rauchen angewöhnen, rastloser und nervöser sind, also dass dieselbe Eigenschaft, die sie dazu veranlasst, mit dem Rauchen anzufangen, sie auch anfällig für diese Krankheiten macht. Es könnte auch sein, dass es in der genetischen Struktur bestimmter Menschen etwas gibt, das sie anfällig für Tabaksucht macht und ihnen gleichzeitig, aber nicht als Folge davon, eine höhere Wahrscheinlichkeit gibt, an Lungenkrebs zu leiden.

Diese Einwände können erhoben werden, weil die durchgeführten Studien keine Testdesigns aufweisen konnten, wie im Fall des Polioimpfstoffs oder bei den Studien über die Auswirkungen von Aspirin auf Herzkrankheiten. In den letztgenannten Fällen wurde die Studiengruppe nach dem Zufallsprinzip in zwei Teile geteilt, die Behandlungsgruppe und die Kontrollgruppe, und da alles so konzipiert war, dass der einzige Unterschied zwischen einer Gruppe und einer anderen der zu untersuchende Faktor war, würde dieser bei signifikanten Unterschieden zwischen den Gruppen zwangsläufig durch den zwischen den Gruppen unterschiedlichen Faktor verursacht. Die Studien über den Einfluss von Tabak waren jedoch keine Testdesigns, sondern prospektive Studien, wie sich zwei zuvor existierende Gruppen zueinander entwickelten. In diesem Fall war es nicht möglich, Nichtraucher zum Rauchen zu zwingen und zwanghafte Raucher vom Rauchen abzuhalten. Würde man die Theorie auf die Spitze treiben, wäre es ideal gewesen, dass alle Teilnehmer geraucht hätten, die eine Hälfte normalen Tabak, die andere eine Substanz, von der bekannt ist, dass sie völlig harmlos, aber ein Aussehen und einen „Geschmack" hat, der mit Tabak identisch ist.

Die Tabakhersteller könnten argumentieren, dass dies die einzig wahrhaftige Studie wäre, und sie hätten Recht damit, aber ein solches Experiment ist nicht vertretbar. Aus den verfügbaren Daten geht jedoch eindeutig hervor, dass Tabak ein wesentlicher Risikofaktor für Lungenkrebs, Blasenkrebs und Herzerkrankungen ist. Der Zusammenhang zwischen Lungenkrebs und Tabakkonsum wurde in mehreren Studien in verschiedenen Ländern und Kontexten beobachtet, wodurch eine mögliche Veranlagung einer bestimmten Personengruppe ausgeschlossen werden konnte. Darüber hinaus wissen wir heute, welche Bestandteile des Tabakrauchs Krebs verursachen können. Die genetische Hypothese nämlich kann die Zunahme der Erkrankungsrate bei Frauen, die mit dem Rauchen begonnen haben, oder die Zunahme bei Nichtrauchern, die passive Mitraucher sind, nicht erklären. Kurz gesagt, ist der Zusammenhang offensichtlich, obwohl dies nicht immer der Fall war. Die Statistik war führend in der Argumentation, um diese Beziehung eindeutig klarzumachen.

Randomisierung und Blockierung

Wenn Tests durchgeführt werden, um zu vergleichen, was allgemein als „Behandlung" bezeichnet wird (dies könnte der Vergleich zweier Medikamente für eine Krankheit oder zweier Katalysatoren zur Verbesserung der Leistung einer chemischen Reaktion sein), liegt der Schlüssel darin, zwei Datensätze zu verwenden, in denen die einzige Variable, die das Ergebnis beeinflusst, diejenige ist, die untersucht wird. Im Bereich der Medizin können wir zwei Medikamente vergleichen oder ein Medikament „zur Sicherheit" einnehmen, wie es beim Polioimpfstoff oder dem Einfluss der Aspirineinnahme auf den Herzinfarkt der Fall war. Wie wir bereits gesehen haben, liegt der Schlüssel in der Aufteilung der Studienteilnehmer in zwei Gruppen, die so ähnlich wie möglich sind (der Zufall, auch wenn dies paradox erscheinen mag, ist ein guter Weg, um dieses Gleichgewicht zwischen den beiden Gruppen zu gewährleisten) und die von allen Faktoren gleichermaßen betroffen sind, außer demjenigen, dessen Wirkung wir untersuchen wollen. Wenn es also signifikante Unterschiede zwischen den beiden Gruppen gibt (Unterschiede, die über das hinausgehen, was vernünftigerweise dem Zufall zugeschrieben werden kann), werden diese auf den Faktor zurückgeführt, der bei den beiden Gruppen eine unterschiedliche Reaktion bewirkt hat. Wenn jedoch zusätzlich zu dem zu untersuchenden Faktor noch andere Faktoren die Gruppen unterschiedlich beeinflussen, kann unmöglich festgestellt werden, ob diese auf den zu untersuchenden

Faktor oder auf einen der anderen reagieren, die ebenfalls wirken, zurückzuführen sind, falls es Unterschiede zwischen den einzelnen Gruppen gibt.

Betrachten wir ein Beispiel. Einer der Standardtexte zum Testdesign ist *Statistics for Experimenters* von Box, Hunter und Hunter, der erklärt, wie ein Test gestaltet werden kann, um den Verschleiß zweier Materialien zur Herstellung der Schuhsohlen für junge Menschen zu vergleichen. Wenn beispielsweise zehn Jugendliche in der Studie sind, wäre eine Idee, sie nach dem Zufallsprinzip in Fünfergruppen einzuteilen: Eine Gruppe erhält Schuhe mit Sohlentyp A, die andere Gruppe Schuhe mit Sohlentyp B. Nach einem bestimmten Zeitraum (z. B. sechs Monate) werden sie gebeten, ihre Schuhe zurückzugeben. Anschließend wird der Verschleiß der aus jedem Material hergestellten Sohlen gemessen und die entsprechende statistische Analyse durchgeführt. (In diesem Fall handelt es sich um den so genannten „Student t-Test" für unabhängige Stichproben).

Natürlich wird die Verteilung nach dem Zufallsprinzip erfolgen. Es ist nicht ausreichend, auf einen Schulhof zu gehen und die Kinder zu bitten, sich aufzustellen und den ersten fünf in der Reihe Schuhe mit Sohlentyp A und den letzten fünf Schuhe mit Sohlentyp B zu geben, da der erste Schüler womöglich mehr läuft, sich mehr bewegt und einen größeren Verschleiß an den Sohlen verursacht. Es gibt einen Fehler in diesem Design für die Datenerfassung. Die Abnutzung der Sohlen kann durch das Material beeinflusst werden (das versuchen wir zu bestimmen), aber sie kann auch durch das Kind beeinflusst werden: Vielleicht gibt es Kinder, die viel laufen und sogar Fußball in diesen Schuhen spielen, während andere nur wenig laufen und nur Fußball am Computer spielen. Es kann sogar sein, dass einige der Teilnehmer die Schuhe kaum tragen, weil sie sie nicht mögen oder weil sie schmerzen, was bedeutet, dass sie die Sohlen kaum abnutzen werden.

Wenn also der Verschleiß nicht nur durch das Material der Sohle, sondern auch durch andere Faktoren beeinflusst wird, kann im Fall einer Abweichung nicht erkannt werden, ob dies auf das Material oder die anderen Faktoren zurückzuführen ist. Es kann sogar sein, dass keine Unterschiede aufgrund von Faktoren festgestellt werden, die die Ergebnisse stören, obwohl diese tatsächlich existieren.

Wie können wir dieses Problem lösen? Indem man jedem Kind einen Schuh mit Sohle A und einen anderen Schuh mit Sohle B aushändigt. Da die beiden Füße immer gemeinsam unterwegs sind, müssen die Verschleißunterschiede auf das Material und nicht auf andere Faktoren zurückzuführen sein.

Bei dieser Art von Design wird nicht der Durchschnitt einer Stichprobe mit dem Durchschnitt einer anderen verglichen, sondern die Vergleiche werden von

Kind zu Kind durchgeführt. Wenn im Allgemeinen eine Sohle mehr als eine andere abgenutzt ist (unabhängig davon, ob sie ein wenig oder viel abgenutzt ist, denn was wichtig ist, ist der Unterschied zwischen ihnen), liegt dies an der Differenz zwischen den Materialien.

Der statistische Test für den Vergleich der Mittelwerte, wenn die Daten auf diese Weise erhoben wurden, wird als „Student t-Test für gepaarte Stichproben" bezeichnet.

Natürlich wäre es nicht sinnvoll, die Sohle vom Typ A immer für den rechten Fuß und die Sohle vom Typ B immer für den linken zu verwenden, denn vielleicht wird die Sohle an einem Fuß mehr abgenutzt als am anderen, aber das kann durch Zufallsgenerierung der Reihenfolge korrigiert werden (z. B. wird für jedes Kind eine

WILLIAM SEALY GOSSET, ALIAS „STUDENT"

Jeder, der mehr als nur ein vorübergehendes Interesse am Studium der Statistik hat, wird irgendwann auf die t-Verteilung von Student (sicherlich weiter verbreitet als die Normalverteilung) oder die t-Tests von Student zum Vergleich der Mittelwerte stoßen. „Student" ist das Pseudonym, unter dem W.S. Gosset (1876–1937), ein Mann, der große Beiträge zur Statistik leistete und Karriere bei der Guinness-Brauerei in Dublin machte, seine Arbeiten veröffentlichte.

Zu Beginn des 20. Jahrhunderts, als Gosset sein Studium der Mathematik und Chemie an der Universität von Oxford abgeschlossen hatte, ging Guinness in die Hände eines jungen Erben über, der beschloss, über die traditionellen Methoden und das Handwerk hinauszugehen und deshalb Wissenschaftler beauftragte, fortgeschrittenere Verfahren einzuführen. „Student" war einer von ihnen. Er erkannte schnell die Bedeutung statistischer Techniken bei der Erforschung der besten Möglichkeiten, Bier zu brauen. Es war von Vorteil, den Einfluss von Rohstoffen zu untersuchen, die sehr unterschiedliche Eigenschaften aufweisen können und höchst empfindlich auf Umweltbedingungen reagieren. Dazu musste man Tests durchzuführen, obwohl nur wenige jemals durchgeführt wurden und immer nur geringe Datenmengen zur Verfügung standen. Bis dahin wurde angenommen, dass die Stichproben immer groß genug waren, um eine genaue Schätzung der Parameter der Population liefern zu können, die zur Berechnung der Wahrscheinlichkeiten verwendet wurden. Wenn man jedoch nur kleine Stichproben verwendet, fehlt es diesen Schätzungen an Präzision und somit an Verlässlichkeit. Gosset dachte über die Lösung dieses Problems nach und veröffentlichte

Münze geworfen: Wenn das Ergebnis „Kopf" ist, wird Material A für den rechten Fuß verwendet, wenn das Ergebnis „Zahl" ist, wird es für den linken verwendet).

Auf diese Weise geht man davon aus, dass selbst wenn der Fuß die Ergebnisse beeinflusst, dieser Einfluss durch die Randomisierung zwischen den beiden Materialien verteilt wird, ohne dass ein Material sich in anderer Weise als das andere auswirkt.

Für die Randomisierung entstehen keine Kosten und sie schützt vor dem Einfluss möglicher bekannter und sogar unbekannter Faktoren. So werden beispielsweise (ähnlich wie bei den Schuhsohlen) Studien durchgeführt, um die Beständigkeit bestimmter Beschichtungen von Brillengläsern gegen Beschädigung (Kratzer, Abnutzung usw.) zu überprüfen. Wenn einer Personengruppe eine Brille mit einer bestimmten Art von Beschichtung und einer anderen eine Brille mit einer

seine Schlussfolgerungen in einem Artikel unter dem Pseudonym „Student", da die Unternehmensleitung ihren Technikern verbot, Artikel mit den Ergebnissen ihrer Forschung zu veröffentlichen.

Es gibt eine Reihe von Spekulationen darüber, wie und warum er dieses Pseudonym wählte. Eine Version besagt, dass man bei Guinness das mathematische Hobby Gossets entdeckt habe. Es gibt aber auch eine, die behauptet, dass man bei Guinness nicht nur von diesen Veröffentlichungen wusste, sondern dass es der Direktor des Unternehmens selbst war, der vorschlug, Student als Pseudonym zu verwenden. Es scheint, dass ihr Anliegen nicht so sehr darin bestand, die entwickelten statistischen Theorien geheim zu halten, sondern andere Brauer nicht wissen zu lassen, dass Guinness statistische Techniken einsetzte, um seine Produktionsprozesse zu verbessern.

anderen Art von Beschichtung zum Testen überlassen wird und beide Gruppen nach einer gewissen Zeit aufgefordert werden, die Brillen zurückzugeben, um die Verschlechterung der Beschichtung zu messen, ist klar, dass die Verschlechterung nicht nur durch das Material, sondern auch durch die Behandlung, die jede Brille erhalten hat, sowie durch die Umgebung, in der sie verwendet wird, und noch weitere Faktoren beeinflusst wird.

Wie bei den Sohlen ist es daher am besten, jeder Teilnehmerin und jedem Teilnehmer eine Brille zu geben, deren Gläser unterschiedlich beschichtet sind (natürlich ist dies nicht möglich, wenn die eine blau und die andere gelb ist). Aber müssen wir die Reihenfolge, in der jede Behandlung durchgeführt wird, randomisieren oder können wir immer A für das rechte Auge und B für das linke Auge nehmen?

Es ist immer besser, eine Randomisierung anzuwenden. Experten, die sich mit diesem Thema beschäftigt haben, behaupten, dass wir bei der Reinigung unserer Brille immer mit dem gleichen Glas beginnen. Nicht jeder beginnt mit dem gleichen Glas, aber wer mit dem rechten beginnt, beginnt immer mit dem rechten und umgekehrt. Und das Glas, das zuerst gereinigt wird, wird immer gründlicher gereinigt. Falls es also irgendwelche Zweifel gibt, ist es immer am besten, eine Randomisierung zu verwenden.

Probieren Sie es selbst!

Es gibt immer wieder seltsame Geschichten (vielleicht sind es aber nicht nur Geschichten!), deren Wahrheit anhand von Statistiken überprüft werden kann. Betrachten wir ein paar Beispiele.

Kann ein Teelöffel die Kohlensäure in einer Flasche Champagner halten? Manche Menschen sind davon überzeugt, dass bei einer Flasche Champagner die Kohlensäure nicht entweicht (oder zumindest nicht so sehr, als wenn die Flasche offen wäre), wenn sie einen Teelöffel in den Flaschenhals stecken, sodass der Champagner am nächsten Tag noch frisch ist. Eine Möglichkeit, der Sache auf den Grund zu gehen und Zweifel auszuräumen, besteht darin, es auszuprobieren (mit einem Test natürlich).

Dieses Dilemma erinnert an die Teeverkosterin und kann von einer Person untersucht werden, die Champagner aus einer Flasche probiert, die mit einem Teelöffel konserviert wurde, und aus einer anderen, für die keine solchen Maßnahmen ergriffen wurden. Wir wissen natürlich, dass der Test nicht mit nur einem Glas pro Typ durchgeführt werden kann. Wir brauchen mindestens drei Gläser aus einer Flasche und drei aus der anderen, die in jeder Hinsicht identisch sind, einschließlich der Art und Weise, wie sie aufbewahrt wurden. Der einzige Unterschied besteht darin, dass bei der einen ein Teelöffel in den Flaschenhals gesteckt wurde, bei der anderen nicht.

Wenn der Verkoster die drei Gläser, die aus der Flasche mit dem Teelöffel kommen, richtig identifiziert und alles richtig gemacht wird, beträgt die Wahrscheinlichkeit, dass dies zufällig passiert, genau 5%. (Denken Sie daran, dass es 20 verschiedene Möglichkeiten gibt, drei Objekte aus sechs auszuwählen, wovon nur eine korrekt sein kann.) Damit die Wahrscheinlichkeit, dass zufällig ein richtiges Ergebnis entsteht, geringer ist, müssten wir eine Verkostung mit mehr Gläsern verwenden, aber wir müssen auch bedenken, dass der Verkoster zweifellos allmählich seinen Geschmackssinn verliert (und auch andere Sinne!).

Wir könnten in Betracht ziehen, den Test mit verschiedenen Menschen durchzuführen, aber wir müssten vorsichtig sein, denn etwas scheint immer seltsam, wenn es nur einmal ausprobiert wird, während es bei späteren Wiederholungen schon nicht mehr so seltsam ist. Wenn die Wahrscheinlichkeit, dass eine Person zufällig richtig liegt, 5 % beträgt, und fünf Personen im Test entscheiden, liegt die Wahrscheinlichkeit, dass eine richtig liegt, bei etwa 40 %, was nichts beweist.

Statt die Sache auf diese Weise zu verkomplizieren, könnten wir einfach eine Maschine benutzen, die den Kohlensäuregehalt in den Flaschen mit und ohne Teelöffel misst. Problem gelöst. Wenn es also eine solche Maschine gäbe, wäre dies eine gute Option. Es ist jedoch möglich, dass die Maschine Unterschiede erkennt, die überhaupt nichts mit dem Teelöffel zu tun haben. Schließlich sind es Menschen, die Champagner trinken und nicht Maschinen, und wenn die Menschen keinen Unterschied erkennen können, ist der Teelöffel nutzlos. Aus dem gleichen Grund ist es vielleicht nicht sinnvoll, einen besonders begabten Verkoster für den Test zu engagieren.

Wissen wir wirklich, wann eine Melone reif ist?

Die Auswahl einer reifen Melone ist dem Beispiel mit der Teetrinkerin noch ähnlicher. Es gibt Menschen, die behaupten, dass sie in der Lage sind, die beste Melone basierend auf Gewicht, Berührung usw auszuwählen. Um jedoch zu überprüfen, ob dies wirklich der Fall ist, könnte ein Test darin bestehen, fünf zufällig ausgewählte Melonen zu präsentieren und den Experten zu bitten, die beste auszuwählen. Wir würden dann eine Verkostung mit jeder der Melonen vorbereiten (natürlich blind) und sie würden erneut die beste auswählen, nachdem sie jetzt wissen, wie jede schmeckt. Auf diese Weise könnten wir feststellen, ob die Entscheidungen gleich sind. Das Problem ist, dass die Wahrscheinlichkeit, dass sie zufällig richtig raten, 1/5 (20 %) beträgt, was nichts beweist, selbst wenn sie Recht haben. Wird der Test jedoch zweimal durchgeführt und sie liegen beide Male richtig, beträgt die Wahrscheinlichkeit einer zufällig richtigen Auswahl 4 %, und wenn sie es dreimal richtig machen, sinkt sie auf 8 %, womit es unwahrscheinlich wird, dass sie nicht über diese Fähigkeit verfügen.

Halten Schnittblumen länger, wenn man ihnen ein Aspirin gibt?

Offenbar sind die Vorteile von Aspirin nicht auf den Bereich der Medizin beschränkt. Der Glaube, dass ein Blumenstrauß länger hält, wenn ein Aspirin in die Vase gegeben wird, ist weit verbreitet.

Ein Test, um dies zu überprüfen, könnte so organisiert werden, dass man zwei Sträuße mit 20 Blumen (am besten lauter unterschiedliche) verwendet, also zwei Rosen, zwei Nelken, zwei Margeriten usw. Eine Blume wird in eine Vase gestellt und eine Blume derselben Sorte in eine andere Vase. Die Vasen sind gleich, stehen am selben Standort, bei denselben Lichtverhältnissen usw. Alles, was sich auf die Haltbarkeitsdauer der Blumen auswirken kann, ist für beide Sträuße genau gleich. Der einzige Unterschied ist, dass wir ein Aspirin in die eine Vase geben, in die andere nicht. Wenn das Aspirin keine Wirkung hat, beträgt die Wahrscheinlichkeit, dass der eine oder der andere Strauß zuerst verwelkt, 50 %. Es ist also höchst unwahrscheinlich, dass in 20 Fällen diejenige mit dem Aspirin länger hält. Die Wahrscheinlichkeit, dass dies zufällig passiert, ist die gleiche, wie eine Münze 20 Mal zu werfen und immer „Kopf" zu erhalten, welche (unter Anwendung der „Und"-Regel, die wir in Kapitel 2 gesehen haben) $0,5^{20} = 9,5 \cdot 10^{-7}$ beträgt (in der Größenordnung von eins zu einer Million). Wenn dies der Fall ist, würde dies eindeutig darauf hinweisen, dass das Aspirin wirkt.

Die Wahrscheinlichkeit, dass die Blumen mit dem Aspirin in mindestens 19 Fällen länger halten, liegt bei etwa zwei von 10.000, während sie bei mindestens 15 Fällen bei etwa 2 % und bei 14 Fällen bei etwa 6 % liegt. Daher ist es nicht besonders außergewöhnlich, wenn die Blumen mit Aspirin in 14 oder mehr Fällen länger halten, obwohl es unwirksam ist. Ausgehend von einer Fehlerwahrscheinlichkeit von 5 % (als „Signifikanzniveau" bezeichnet) kann angenommen werden, dass das Aspirin wirksam ist, wenn es in mindestens 15 Fällen längere Haltbarkeit garantiert.

Mindestanzahl, wie oft die Blumen mit Aspirin länger halten	Wahrscheinlichkeit des Vorkommens, wenn das Aspirin nicht wirkt
20	0,00000095
19	0,00002003
18	0,00020123
17	0,00128841
16	0,00590897
15	0,02069473
14	0,05765915

Dies ist ein extrem einfacher Test und berücksichtigt nicht, ob eine Blume die andere um einen Tag oder eine Woche überlebt. Es gibt noch weitere Tests, wie z. B. den so genannten „paarweisen Wilcoxon-Stichprobentest", der den Unterschied in jedem Paar berücksichtigt. Aber der wichtigste Faktor ist nicht der gewählte Test, sondern die Sicherstellung, dass das Experiment angemessen konzipiert und durchgeführt wurde und dass Schlussfolgerungen nicht über die erhaltenen Ergebnisse hinaus extrapoliert werden.

Halten teure Batterien länger?

Wenn wir ein Gerät zum Musikhören kaufen, treffen wir unsere Auswahl nicht nur nach seinen Eigenschaften, sondern auch, weil es uns gefällt. Wenn wir jedoch Batterien dafür kaufen, ist der entscheidende Faktor, wie lange sie halten.

Darüber hinaus ist es interessant, den Preisunterschied zwischen den verschiedenen Arten von Batterien zu beobachten, je nach Marke oder Ort, an dem sie gekauft werden. Normale 1,5-Volt-Batterien können doppelt so teuer sein, wenn sie von einer bekannten Marke sind, im Vergleich zu billigeren, generischen Marken aus Supermärkten (die nicht unbedingt von schlechter Qualität sind). Außerdem gibt es in letzter Zeit häufig Sonderangebote für bekannte Marken und die Preisunterschiede sind nicht mehr so groß (der Markt setzt seine Gesetzmäßigkeiten durch).

Halten teure Batterien länger? Und wenn das der Fall ist, lohnt es sich, sie zu kaufen? Oder besser gesagt, kompensiert die längere Laufzeit den höheren Preis? Um diese Fragen zu beantworten, brauchen wir Daten: Wir müssen ein sorgfältiges Verfahren zur Erfassung dieser Daten ausarbeiten und dann eine geeignete Analyse durchführen, um zu unseren Schlussfolgerungen zu gelangen.

WIE MAN 20 RATTEN IN ZWEI ZUFÄLLIGE GRUPPEN MIT JEWEILS 10 RATTEN AUFTEILT

Nehmen wir an, wir führen ein Forschungsprojekt mit Laborratten durch, um ihre Ausdauer zu vergleichen, wenn sie eine bestimmte Art Ernährung erhalten. Dabei sei A die Nahrung, die „reich an gesättigten Fettsäuren" ist, B die andere. Es gibt 20 ähnliche Ratten, die etwa gleich alt sind und die gleichen allgemeinen Eigenschaften haben. Sie müssen nach dem Zufallsprinzip in zwei Zehnergruppen eingeteilt werden, von denen jede Gruppe mit der entsprechenden Nahrung versorgt wird.

Nach einigen Monaten dieser Behandlung werden die Ratten einem Ausdauertest unterzogen, der darin besteht, sie in einem Pool schwimmen zu lassen und die Zeit zu messen, bis sie sich nicht mehr an der Oberfläche halten können (zu diesem Zeitpunkt werden sie natürlich gerettet).

Die Ergebnisse zeigen, dass die Gruppe, die die Diät B erhalten hat, mehr Ausdauer hat als die, die die Diät A erhalten hat (die Durchschnittszeiten der verschiedenen Gruppen zeigen eindeutig einen signifikanten Unterschied zugunsten von B), also sind wir mit dem Ergebnis sehr zufrieden. Aber wie wurden die Ratten aufgeteilt? Zufällig natürlich, indem wir mit der Hand in den Käfig gegriffen und „zufällig" eine nach der anderen bis auf zehn herausgenommen haben. Diese Ratten bildeten die Gruppe A. Diejenigen, die im Käfig zurückgelassen wurden, bildeten die Gruppe B. Gibt es hier ein Problem?

Wenn die Auswahl auf diese Weise durchgeführt wurde, war sie natürlich nicht zufällig. Die Ratten auf diese Weise zu trennen (mit der Hand die erste Ratte herauszunehmen, die wir fangen können), wird dazu führen, die langsamsten Ratten zu fangen, also diejenigen, die schwächer sind oder langsamere Reflexe haben (die anderen verstecken sich). Dies sind die Ratten (Gruppe A), die im Experiment weniger ausdauernd sind. Aber sind sie aufgrund ihrer Ernährung langsamer oder liegt es nur daran, dass wir die langsamsten ausgewählt haben? Man kann es nicht feststellen. Wir lernen daraus, dass unbedingt sichergestellt werden muss, dass die Verteilung der zu vergleichenden Gruppen völlig zufällig ist, indem man Zahlen (oder was auch immer) zur Auslosung der Gruppenzugehörigkeit verwendet. Ein Fehler in dieser Phase ist schwer zu beheben.

Wir brauchen also die Statistik.

Das Problem ist nicht ganz einfach, wie die folgenden Beispiele zeigen:

1. Die Lebensdauer der Batterien ist unterschiedlich, sowohl bei teuren als auch bei billigen Batterien. Sie können nicht einzeln verglichen werden, da es klar ist, dass die Dauer unterschiedlich sein wird (wenn wir sie mit angemessener Genauigkeit messen); daher wird selbst ein Typ, der einmal länger hält, nicht immer am längsten halten.

2. Wenn wir eine Stichprobe von Batterien jeden Typs nehmen und die durchschnittliche Haltbarkeit jeder Stichprobe vergleichen, stellt die Tatsache, dass ein Durchschnitt größer als der andere ist, immer noch keine Garantie dar. Wenn alle Batterien von der gleichen Marke wären und wir sie in zwei Gruppen einteilen würden, können wir sicher sein, dass sich der Durchschnitt einer Gruppe von dem der anderen unterscheiden wird. Der Unterschied muss „statistisch signifikant" sein.

3. Batterien werden für unterschiedliche Anwendungen verwendet und haben unterschiedliche Entladungsrhythmen; während die Haltbarkeit für einige Anwendungen gleich sein kann, kann sie für andere verschieden ausfallen.

4. Die Messung der Akkulaufzeit ist nicht einfach. Wir können nicht den ganzen Tag (und die ganze Nacht!) anwesend sein und darauf warten, dass ein Gerät nicht mehr funktioniert.

Es ist dennoch möglich, eine bestimmte Anwendung zu wählen und die Dauer einer Stichprobe teurer Batterien mit einer Stichprobe günstiger Batterien zu vergleichen. Für eine Entladerate ähnlich der einer Taschenlampe können wir eine Batterie an einen Wecker (mit Zeigern, ein digitaler Wecker ist ungeeignet) und an eine Glühbirne (von einer Taschenlampe) anschließen, wie in der folgenden Abbildung gezeigt: Wenn die Batterie leer wird, stoppt der Wecker, und anhand der Zeit, zu der er aufgehört hat zu funktionieren, erkennen wir, wie lange die Batterie zum Entladen gebraucht hat. Dieser Versuchsaufbau muss mindestens alle zwölf Stunden überprüft werden, aber unter diesen Bedingungen halten die Batterien ohnehin nicht lange.

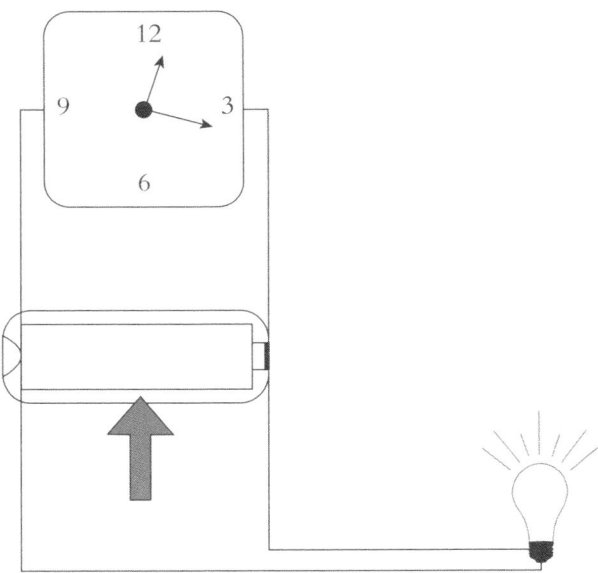

Versuchsaufbau für die Messung der Batterielaufzeit.

Um die erhaltenen Daten zu analysieren, ist es immer ratsam, mit einer grafischen Darstellung zu arbeiten. In einem solchen Fall mit einer kleinen Anzahl von Stichproben (z. B. zehn Batterien pro Typ) ist es ausreichend, diese unter Verwendung von Streudiagrammen darzustellen und zu vergleichen. Es könnte sein, dass es keine Unterschiede gibt, dass die Unterschiede offensichtlich sind oder dass das Ergebnis zweifelhaft ist. Die statistischen Tests müssen diesen ersten Eindruck bestätigen. Es bringt nichts, wenn die Diagramme das eine sagen, der Test das andere.

	Es sind keine Unterschiede festzustellen
	Der Durchschnitt der zweiten Gruppe ist größer als der Durchschnitt der ersten Gruppe
	Es ist nicht klar, ob der Unterschied signifikant ist

Drei mögliche Situationen in grafischer Darstellung.

Um die so gewonnenen Daten zu analysieren, können wir den Student t-Test für unabhängige Stichproben verwenden. Dies ist mit einer Tabellenkalkulation wie Excel problemlos möglich. Wir müssen nur die Position der Daten angeben, festlegen, ob es sich um einen ein- oder zweiseitigen Test handelt, und welche Variante des Tests wir analysieren möchten.

Die Angabe, ob der Test einseitig oder zweiseitig ist, bezieht sich auf die alternative Hypothese (die Nullhypothese ist, dass es keinen Unterschied gibt). Wenn die teureren Batterien, wie vernünftigerweise zu erwarten ist, länger halten, ist der Test einseitig. Wenn die Alternative ist, dass sie unterschiedliche Laufzeiten haben, ist der Test zweiseitig.

Für die Art des Tests ist anzugeben, ob es sich um paarweise Stichproben handelt. Ist dies nicht der Fall, wie in unserem Beispiel, müssen wir angeben, ob wir die Varianz in beiden Situationen als gleich betrachten können. Wenn die Daten das gleiche Aussehen wie in den obigen Streudiagrammen haben, kann problemlos angegeben werden, dass die Varianz gleich ist. Im Zweifelsfall können wir angeben, dass sie ungleich sind. Das Ergebnis ändert sich dadurch kaum.

Ermittlung des p-Werts in einem Student-t-Test in Excel.

In dem zweifelhaften Fall, der dem dritten Streudiagramm entspricht, sagt uns der Test, dass der p-Wert 0,08 beträgt (es macht keinen Sinn, alle Dezimalstellen aus Excel anzugeben). Wir wissen bereits, was das bedeutet. Wenn es im Durchschnitt keinen Unterschied in der Lebensdauer zwischen den verschiedenen Batterietypen gibt, tritt eine so große Differenz wie die, die wir erhalten haben, in 8 % der Versuche zufällig auf.

Halten Wasserbeutel Fliegen fern?

Ein beliebtes Hausmittel zur Abwehr von Fliegen ist es, transparente, mit Wasser gefüllte Plastiktüten aufzuhängen (im Internet finden sich Referenzen von Lateinamerika bis Thailand). Einige Leute glauben, dass es funktioniert, andere nicht.

Merkwürdig ist jedoch, dass die Menschen, die glauben, dass es funktioniert, dies aus verschiedenen Gründen tun: Einige argumentieren, dass das Licht beim Durchgang durch den Wassersack gebrochen wird und die Fliege aufgrund ihrer Facettenaugen verwirrt wird. Andere behaupten, Fliegen würden vermeiden, sich dem Wasser zu nähern, weil sie wissen, dass sie im nassen Zustand nicht fliegen können. Und schließlich gibt es auch diejenigen, die glauben, dass sie aus genau dem entgegengesetzten Grund nützlich sind: Die Beutel werden in Geschäften aufgehängt, um Fliegen anzuziehen und abzulenken, damit sie die Kunden nicht stören.

Funktioniert der Beuteltrick? Ohne genauer auf die Gründe einzugehen, kann diese Frage nur beantwortet werden, indem wir in einem gut durchdachten Experiment Daten sammeln und dann prüfen, welche Schlussfolgerungen gezogen werden können. Natürlich ist dies nicht einfach. Der Ansatz bestünde darin, die Anzahl der Fliegen in einem Raum mit und ohne Beutel zu zählen. An manchen Tagen würden die Beutel hängen gelassen und an anderen nicht (zufällig), die Anzahl der Fliegen würde natürlich jeden Tag gezählt.

Fliegen zu zählen, ist jedoch nicht einfach, obwohl uns die Technologie helfen kann: Bestimmte Kameras können so programmiert werden, dass sie eine Reihe von Fotos in einem bestimmten Intervall aufnehmen; vielleicht würde eine gute Aufnahme vor weißem Hintergrund Fotos liefern, die es uns ermöglichen, die Anzahl der Fliegen zu einem bestimmten Zeitpunkt zu zählen. Falls diese Methode praktikabel wäre, gäbe es immer noch einen Haken: Es ist nicht möglich, festzustellen, ob es immer dieselben Fliegen sind oder andere. Eine weitere Möglichkeit, indirekt zu zählen, wie viele Fliegen in dem Bereich vorhanden sind, bestünde in der Verwendung von Klebestreifen, mit denen die Fliegen gefangen werden.

Zweifellos kann sich der Leser weitere Methoden vorstellen. Sicher ist jedoch, dass wir nicht ermitteln können, ob die Beutel den angeblichen Nutzen bringen, wenn die Daten nicht in einem gut durchdachten Experiment gesammelt werden.

Literaturverzeichnis

BLASTLAND, M. und DILNOT, A., *The Tiger that isn't: Seeing through a World of Numbers*, London, Profile Books, 2008.

SALSBURG, D., *The Lady Tasting Tea. How Statistics Revolutionized Science in the Twentieth Century*, Illinois, Holt McDougal, 2002.

TANUR, J.M. et al., *Statistics: A Guide tc the Unknown*, San Francisco, Holden Day, 1978.

Register